manque la planche 6 arrac
24 janv. 1889.

VOYAGE
A
L'ISLE DE FRANCE.
TOME SECOND.

VOYAGE
A
L'ISLE DE FRANCE,
A L'ISLE DE BOURBON,
AU CAP DE BONNE ESPÉRANCE, &c.

Avec des Observations nouvelles sur la Nature & sur les Hommes,

PAR UN OFFICIER DU ROI.

TOME SECOND.

A AMSTERDAM;

Et se trouve à PARIS,

Chez MERLIN, Libraire, rue de la Harpe, à Saint Joseph.

M. DCC. LXXIII.

VOYAGE
A
L'ISLE DE FRANCE.

LETTRE XIX.

Départ pour France. Arrivée à Bourbon. Ouragan.

Après avoir obtenu la permission de retourner en France, je me disposai à m'embarquer sur l'Indien, vaisseau de 64 canons.

Je donnai la liberté à *Duval*, cet esclave qui portoit votre nom ; je le confiai à un honnête homme du pays, jusqu'à ce qu'il eût acquitté par son travail quelque argent dont il étoit redevable à l'Administration.

S'il eût parlé François, je l'aurois gardé avec moi. Il me témoigna par ses larmes le regret qu'il avoit de me quitter. Il m'y paroissoit plus sensible qu'au plaisir d'être libre. Je proposai à Cote d'acheter sa liberté, s'il vouloit s'attacher à ma fortune. Il m'avoua qu'il avoit dans l'isle une maitresse dont il ne pouvoit se détacher. Le sort des esclaves du Roi est supportable : il se trouvoit heureux, c'étoit plus que je ne pouvois lui promettre. J'aurois été très-aise de ramener mon pauvre favori dans sa Patrie ; mais quelques mois avant mon départ on me prit mon chien. Je perdis en lui un ami fidele que j'ai souvent regretté.

Quelques jours avant de partir je revis *Aotourou*, cet insulaire de Taïti, que l'on ramenoit dans son païs, après lui avoir fait connoître les mœurs de l'Europe. Je l'avois trouvé à son passage, franc, gai, un peu libertin. A son retour, je le voyois réservé, poli & maniéré. Il étoit en-

Insulaire de Taïti.

chanté de l'Opéra de Paris, dont il contrefaisoit les chants & les danses. Il avoit une montre dont il désignoit les heures par leur usage. Il y montroit l'heure de se lever, de manger, d'aller à l'Opéra, de se promener, &c. Cet homme étoit plein d'intelligence. Il exprimoit par ses signes tout ce qu'il vouloit. Quoique les hommes de Taïti passent pour n'avoir eu aucune communication avec les autres Nations avant l'arrivée de M. de Bougainville, j'observai, cependant, un mot de leur langue, & un usage qui leur est commun avec différents Peuples. *Matté*, en langue Taïtienne veut dire tuer. Le *matté* des Espagnols, le *mat* des Persans a la même signification. Ils ont aussi coutume de se dessiner la peau, comme beaucoup de Peuples de l'ancien & du nouveau continent. Ils connoissoient le fer, qu'ils n'avoient pas; ils l'appelloient *aurou*, & en demandoient avec empressement; ils avoient des maladies vénériennes, qui viennent, dit on, du nouveau monde. Mais toutes ces analogies ne suffisent pas pour remonter à l'origine d'une Nation. Les folies, les besoins, les maux de l'espéce humaine paroissent naturalisés chez tous les Peuples. Un moyen plus sûr de les distinguer seroit la connoissance de leurs langues. Toutes les Nations de l'Europe mangent du pain, mais les Russes l'appellent *gleba*, les Allemands *broth*, les Latins *panis*, les bas-Bretons *bara*. Un Dictionnaire Encyplopédique des Langues seroit un ouvrage très-philosophique.

Autourou paroissoit s'ennuyer beaucoup à l'Isle de France. Il se promenoit toujours seul. Un jour je l'apperçus dans une méditation profonde. Il regardoit à la porte de la prison un Noir esclave, à qui on rivoit une grosse chaîne autour du cou. C'étoit un étrange spectacle pour lui, qu'un homme de sa couleur, traité ainsi par des blancs, qui l'avoient comblé de bienfaits à Paris ; mais il ne sçavoit pas que ce sont les paſſions des hommes qui les portent au-de-là des mers, & que la morale, qui les balance en Europe, reſte en-deçà des tropiques.

Je m'embarquai le 9 Novembre 1770; pluſieurs Malabares vinrent m'accompagner juſqu'au bord de la mer. Ils me ſouhaiterent, en pleurant, un prompt retour. Ces bonnes gens ne perdent jamais l'eſpérance de revoir ceux qui leur ont rendu quelque ſervice. Je reconnus parmi eux un maître Charpentier qui avoit acheté mes livres de géométrie, quoiqu'il ſçût à peine lire. C'étoit le ſeul homme de l'Iſle qui en eût voulu. *Départ de l'Iſle de France.*

Nous reſtâmes onze jours en rade retenus par le calme. Le 20 au ſoir nous appareillâmes, & le 21 à trois heures après midi nous mouillâmes à Bourbon, dans la rade de Saint-Denis. *Arrivée à Bourbon.*

Cette Iſle eſt à 40 lieues ſous le vent de l'Iſle de France. Il ne faut qu'un jour pour aller à Bourbon, & ſouvent un mois

A iij

pour en revenir. Elle paroît de loin comme une portion de sphère. Ses montagnes sont fort élevées. On y cultive, dit-on, la terre à huit-cents toises de hauteur. On donne seize-cents toises d'élevation au sommet des trois salasses, qui sont trois pics inaccessibles.

Ses rivages sont très-escarpés ; la mer y roule sans cesse de gros galets, ce qui ne permet qu'aux pirogues d'aborder sans se briser. On a construit à Saint-Denis, pour le débarquement des chaloupes, un pont-levis soutenu par des chaînes de fer. Il avance sur la mer de plus de quatre-vingts pieds. A l'extrémité de ce pont est une échelle de corde où grimpent ceux qui veulent aller à terre. Dans tout le reste de l'isle on ne peut débarquer qu'en se jettant à l'eau.

Comme l'Indien devoit rester trois semaines au mouillage pour charger du caffé, plusieurs passagers résolurent de passer quelques jours dans l'isle, & d'aller même attendre à Saint-Paul, sept lieues sous le vent, que notre vaisseau vînt y compléter sa cargaison.

Je me décidai comme eux à cette démarche par la disette de vivres où nous nous trouvions à bord, & par l'exemple du Capitaine & d'un grand nombre d'Officiers de différents vaisseaux.

Le 25 après-midi je m'embarquai seul dans une petite iole, & malgré la brise qui étoit très-violente, à force de gouverner à la lame, je débarquai au port. Nous fûmes une heure & demie à faire ce trajet, qui n'a pas une demi-lieue.

Je fus saluer l'Officier - Commandant. *Descente* Il m'apprit qu'il n'y avoit point d'auberge *à Bourbon* à Saint-Denis ni dans aucun endroit de l'Isle, que les étrangers avoient coutume de loger chez ceux des habitans avec lesquels ils faisoient quelque commerce. La nuit s'approchoit, & n'ayant aucune affaire à traiter, je me préparois à retourner à bord orsque cet Officier m'offrit un lit.

A iv.

Je fus enſuite ſaluer M. de Cremon, commiſſaire ordonnateur, qui m'offrit ſa maiſon pour le tems que je voudrois paſſer à terre. Cette offre me fut d'autant plus agréable que j'avois envie de voir le volcan de Bourbon, où je ſçavois que M. de Cremon avoit fait un voyage.

Mais je n'en ai pas trouvé l'occaſion. Le chemin en eſt très-difficile, peu d'habitans le connoiſſoient, & il falloit s'abſenter de Saint-Denis ſix ou ſept jours.

Du 25 juſqu'au 30 la briſe fut ſi forte que peu de chaloupes de la rade vinrent à terre. Notre Capitaine profita d'un moment favorable pour retourner à ſon bord, où ſes affaires l'appelloient, mais le mauvais tems l'empêcha de redeſcendre.

Cette briſe, qui vient toujours du ſud-eſt, ſe leve à ſix heures du matin & finit à dix heures du ſoir. Dans cette ſaiſon elle duroit le jour & la nuit avec une violence égale.

A L'ISLE DE FRANCE. 9

Le premier Décembre le vent s'appaisa, mais il s'éleva de la pleine mer une lame monstrueuse qui brisoit sur le rivage avec tant de violence que le sentinelle du pont fut obligé de quitter son poste.

Le haut des montagnes se couvroit de nuages épais qui n'avoient point de cours. Le vent souffloit encore un peu de la partie du sud-est, mais la mer venoit de l'ouest. On voyoit trois grosses lames se succéder continuellement, on les distinguoit le long de la côte comme trois longues collines. Il se détachoit de leur partie supérieure des jets d'eau qui formoient une espece de criniere. Elles s'élançoient sur le rivage en formant une voûte, qui se roulant sur elle-même s'élevoit en écume à plus de cinquante pieds d'élévation.

<small>Ouragan.</small>

On respiroit à peine, l'air étoit lourd, le ciel obscur, des nuées de corbigeaux & de paillencus venoient du large & se refugioient sur la côte. Les oiseaux de terre & les animaux paroissoient inquiets.

Les hommes mêmes fentoient une frayeur fecrette à la vue d'une tempête affreufe au milieu du calme.

Le 2 au matin le vent tomba tout-à-fait & la mer augmenta; les lames étoient plus nombreufes & venoient de plus loin. Le rivage battu des flots, étoit couvert d'une mouffe blanche comme la neige, qui s'y entaffoit comme des ballots de coton. Les vaiffeaux en rade fatiguoient beaucoup fur leur cable.

On ne douta plus que ce ne fût l'ouragan. On tira bien avant fur la terre les pirogues qui étoient fur le galet; & chacun fe hâta de foutenir fa maifon avec des cordes & des folives.

Il y avoit au mouillage, l'Indien, le Penthievre, l'Amitié, l'Alliance, le Grand Bourbon, le Gérion, une Gaulette & un petit Batteau. La côte étoit bordée de monde qu'attiroit le fpectacle de la mer & le danger des vaiffeaux.

Sur le midi le Ciel fe chargea prodigieusement, & le vent commença à fraîchir du sud-est. On craignit alors qu'il ne tournât à l'ouest, & qu'il ne jettât les vaisseaux sur la côte. On leur donna de la batterie, le signal du départ, en hissant le pavillon, & tirant deux coups de canon à boulet. Aussitôt ils couperent leurs cables & appareillerent. Le Penthievre abandonna sa chaloupe, qu'il ne put rembarquer. L'Indien mouillé plus au large, fit vent arriere sous ses quatre voiles majeures. Les autres s'éloignerent successivement. Des Noirs qui étoient dans une chaloupe se réfugierent à bord de l'Amitié. Le petit Batteau & la Gaulette se trouvoient déja dans les lames, où ils disparoissoient de temps-en-temps; ils sembloient craindre de se mettre au large; enfin ils appareillerent les derniers, attirant à eux l'inquiétude & les vœux de tous les spectateurs. Au bout de deux heures toute cette flotte disparut dans le nord-ouest au milieu d'un horison noir.

Départ de l'Indien.

A trois heures après midi, l'ouragan se déclara avec un bruit effroyable; tous les vents soufflerent succeffivement. La mer battue, agitée dans tous les sens, jettoit sur la terre des nuages d'écumes, de sable, de coquillages & de pierres. Des chaloupes qui étoient en radoub à cinquante pas du rivage furent enfevelis fous le galet; le vent emporta un pan de la couverture de l'églife, & la colonnade du gouvernement. L'ouragan dura toute la nuit, & ne ceffa que le 3 au matin.

Le 6, les deux premiers navires qui revinrent au mouillage furent le petit Bateau & la Gaulette; ils apportoient une lettre du Penthievre qui avoit perdu fon grand mât de perroquet. Pour eux ils n'avoient éprouvé aucun accident. En tout, les petites deftinées font les plus heureufes.

Le 8, le Gérion parut. Il avoit relâché à l'Ifle de France; il nous apprit que la tempête y avoit fait périr à l'ancre, la Flutte du Roi, la Garonne.

Enfin, jufqu'au dix-neuf on eut fucceffivement nouvelle de tous les vaiffeaux, à l'exception de l'Amitié & de l'Indien. La force & la grandeur de l'Indien fembloient le mettre à l'abri de tous les évènemens, & nous ne doutâmes pas qu'il n'eût continué fa route pour faire fes vivres au Cap de Bonne-Efpérance, & de-là aller en France. Je fçavois d'ailleurs que c'étoit le projet du Capitaine.

Le 19 au matin on fignala un vaiffeau; c'étoit la Normande, Flutte du Roi ; elle paffa devant Saint-Denis, & fut mouiller à Saint-Paul. Elle venoit de l'Ifle de France, & alloit chercher des vivres au Cap. Cette occafion nous parut très-favorable. Il y avoit un autre officier avec moi, nous réfolûmes d'en profiter. Mr. & Mlle. de Cremon nous firent faire des lits & du linge pour le bord, & nous procurerent des chevaux & des guides pour aller à Saint-Paul. Un de fes parents nous y accompagna.

Embarras de l'Auteur. Je n'avois defcendu à terre qu'un peu de linge ; tous mes effets étoient fur l'Indien.

Nous partîmes le 20 à onze heures du matin. Il y avoit fept lieues à faire. La Flutte partoit le foir ; il n'y avoit pas de tems à perdre. Nous prîmes congé de nos hôtes.

Nos chevaux grimperent d'abord la montagne de Saint-Denis, par des chemins en zig-zag, pavés de pierres pointues. Ils étoient très-vigoureux, & leur pas étoit fûr, quoi qu'ils ne fuffent pas ferrés, *Il part pour Saint-Paul.* fuivant l'ufage du pays.

A deux lieues & demie de Saint-Denis nous trouvâmes fur le bord d'un ruiffeau, à l'ombre de citronniers, un dîner que Mlle. de Cremon nous avoit fait préparer.

Après dîner nous defcendîmes & montâmes la Grande-Chaloupe. C'eft un vallon affreux formé par deux montagnes paralelles & très efcarpées; nous fîmes à pied une partie de ce chemin que la pluie rendoit dangereux. Nous nous trouvâmes au fond entre les deux montagnes, dans une des plus étranges folitudes que j'aie jamais vues ; nous étions comme entre deux murailles, le ciel fur notre tête & la mer fur notre droite. Nous paffâmes le ruiffeau & nous parvînmes enfin fur le bord oppofé de la Chaloupe ; il règne au fond de ce gouffre un calme étérnel, quoique le vent foit très-frais fur la montagne.

A deux lieues de Saint-Paul nous entrâmes dans une vafte plaine fablonneufe qui s'étend jufqu'à la ville. Elle eft bâtie comme celle de Saint-Denis. Ce font de grands emplacements bien alignés, entourés de haies, au milieu defquels eft une cafe où loge une famille. Ces villes ont l'air de grands hameaux. Saint-Paul eft fitué fur le bord d'un étang d'eau douce, dont on pouroit, peut-être, faire un Port.

Il étoit nuit quand nous y arrivâmes ; nous étions très-fatigués, & nous ne fçavions où loger, ni même où trouver du

Saint-Paul.

pain; car il n'y a point de Boulanger à Saint-Paul.

Mon premier foin fut de parler au Capitaine de la Normande que je trouvai heureufement à terre. Il me dit qu'il ne fe chargeroit point de notre paffage fans un ordre du Gouverneur de l'Ifle de France , qui alors étoit à Saint-Denis; qu'au refte il ne partoit que le lendemain matin.

Snr le champ j'écrivis au Gouverneur & à Mlle. de Cremon. Je donnai mes deux lettres à un Noir, en lui promettant une récompenfe s'il étoit de retour le lendemain à huit heures du matin. Il en étoit dix du foir, & il avoit quatorze lieues à faire. Il partit à pied.

Je fus trouver mes camarades, qui foupoient chez le Garde-Magafin. On nous logea dans une maifon appartenante au Roi. Il n'y avoit d'autres meubles que des chaifes, dont nous fimes des lits; de grand matin nous étions debout. A neuf heures
nous

nous vîmes arriver avec les réponses à mes lettres un Noir que mon commissionnaire avoit fait partir à sa place. Je le payai bien, & je fus trouver le Capitaine pour lui remettre la lettre du gouverneur. Quel fut notre étonnement, lorsque nous vîmes qu'il laissoit la chose à sa discrétion !

Enfin après plusieurs négociations, & après avoir donné des billets pour les frais de notre passage, il consentit à nous embarquer. Le départ du vaisseau fut remis au lendemain.

Voici ce que j'ai pu recueillir sur Bourbon. On sçait que ses premiers habitans furent des Pirates qui s'allierent avec des Négresses de Madagascar. Ils vinrent s'y établir vers l'an 1657. La Compagnie des Indes avoit aussi à Bourbon un Comptoir, & un Gouverneur, qui vivoit avec eux dans une grande circonspection. Un jour le Viceroi de Goa vint mouiller à la rade de Saint-Denis, & fut dîner au Gouvernement. A peine venoit-il de mettre pied à terre

De Bourbon.

qu'un vaiſſeau pirate de cinquante pieces de canon vint mouiller auprès du ſien & s'en empara. Le Capitaine deſcendit enſuite, & fut demander à dîner au Gouverneur. Il ſe mit à table entre lui & le Portugais, à qui il déclara qu'il étoit ſon priſonnier. Quand le vin & la bonne chere eurent mis le Marin de bonne humeur, Monſieur Desforges, (c'étoit le Gouverneur) lui demanda à combien il fixoit la rançon du Viceroi. Il me faut, dit le Pirate, mille piaſtres. C'eſt trop peu, répondit M. Desforges, pour un brave homme comme vous, & un grand Seigneur comme lui. Demandez beaucoup, ou rien. Hé bien! qu'il ſoit libre, dit le généreux Corſaire. Le Viceroi ſe rembarqua ſur le champ & appareilla, fort content d'en ſortir à ſi bon marché. Ce ſervice du Gouverneur a été récompenſé depuis peu par la Cour de Portugal, qui a envoyé l'Ordre de Chriſt à ſon fils. Le Pirate s'établit enſuite dans l'iſle, & fut pendu long-tems après l'amniftie qu'on avoit publiée en leur faveur, & dans laquelle il avoit oublié de fe faire comprendre. Cette injuftice fut commife par un Confeiller qui voulut s'approprier fa dépouille : mais cet autre fripon, à quelque tems de-là, fit une fin prefque auffi malheureufe, quoique la juftice des hommes ne s'en mêlat pas.

Il n'y a pas long-tems qu'un de ces anciens écumeurs de mer, appellé *Adam*, vivoit encore. Il eft mort âgé de cent-quatre ans.

Lorfque des occupations plus paifibles eurent adoucis leurs mœurs, il ne leur refta plus qu'un certain efprit d'indépendance & de liberté qui s'adoucit encore par la fociété de beaucoup d'honnêtes gens qui vinrent s'établir à Bourbon pour s'y livrer à l'agriculture. On compte 60 mille Noirs à Bourbon & cinq mille habitans. Cette ifle eft trois fois plus peuplée que l'Ifle de France, dont elle dépend pour le commerce extérieur. Elle est aussi bien mieux cultivée. Elle avoit produit cette année vingt mille quintaux de bled, & autant de caffé, sans le riz & les autres denrées qu'elle consume. Les troupeaux de bœufs n'y sont pas rares. Le Roi paye le cent pesant de bled 15 liv. & les Habitans vendoient le quintal de caffé 45 livres le en piastres, ou 70 livres en papiers.

Saint-Denis. Le principal lieu de Bourbon est Saint-Denis, où réside le Gouverneur & le Conseil. On n'y voit de remarquable qu'une redoute fermée, construite en pierre, mais qui est située trop loin de la mer, une batterie devant le Gouvernement, & le pont-levis dont j'ai parlé. Il y a derriere la Ville une grande plaine qu'on appelle *le Champ de Lorraine*.

Le sol m'a paru plus sablonneux à Bourbon qu'à l'Isle de France : il est mêlé à quelque distance du rivage du même galet roulé dont les bords de la mer sont couverts; ce qui prouve qu'elle s'en est éloignée, ou que l'isle s'est élevée : ce qui me paroît possible, si l'on en juge par l'inspection des montagnes lésardées & brisées dans leur intérieur. Dans la spéculation sur la Nature, les opinions opposées se présentent toujours avec une vraisemblance presque égale. Souvent les mêmes effets résultent des causes contraires. Cette observation peut s'étendre fort loin, & doit nous porter à être fort modérés dans nos jugemens.

Un vieillard âgé de plus de 80 ans m'assura qu'il avoit été un de ceux qui prirent possession de l'Isle de France, lorsque les Hollandois l'abandonnèrent. On y avoit détaché douze François, qui y aborderent le matin, & dans l'après-midi de ce jour même, un vaisseau Anglois y mouilla dans la même intention.

Les mœurs des anciens habitans de Bourbon étoient fort simples, la plupart des maisons ne fermoient pas. Une serrure même étoit une curiosité. Quelques-uns

Mœurs des Habitants.

mettoient leur argent dans une écaille de tortue au-dessus de leur porte. Ils alloient nus pieds, s'habilloient de toile bleue, & vivoient de riz & de caffé ; ils ne tiroient presque rien de l'Europe, contents de vivre sans luxe pourvu qu'ils vécuffent sans besoins. Ils joignoient à cette modération les vertus qui en font la suite, de la bonnefoi dans le commerce, & de la noblesse dans les procédés. Dès qu'un étranger paroissoit, les habitans venoient sans le connoître lui offrir leur maison.

La derniere guerre de l'Inde a altéré un peu ses mœurs. Les Volontaires de Bourbon s'y sont distingués par leur bravoure ; mais les étoffes de l'Asie & les distinctions militaires de France sont entrées dans leur isle. Les enfans plus riches que leur pere veulent être plus considérés. Ils n'ont pas cru jouir d'un bonheur ignoré. Ils vont chercher en Europe des plaisirs & des honneurs en échange de l'union des familles, & du repos de la vie champêtre.

A L'ISLE DE FRANCE. 23

Comme l'attention des peres se porte principalement sur leurs garçons, ils les font passer en France, d'où ils reviennent rarement. Il arrive de-là que l'on compte dans l'isle plus de cinq-cents filles à marier qui vieillissent sans trouver de parti.

Nous nous embarquâmes sur la Normande le 21 au soir. Nous trouvâmes une caisse de vin, de liqueurs, de caffé, &c. que Monsieur & Mademoiselle de Cremon avoient fait mettre à bord pour notre usage. Nous avions trouvé dans leur maison la cordialité des anciens habitans de Bourbon, & la politesse de Paris.

Je suis, &c.

A Bourbon, ce 21 Décembre 1770.

LETTRE XX.

Départ de Bourbon, arrivée au Cap.

Départ de Bourbon.
Nous sortîmes à dix heures du soir de la baye de Saint-Paul. La mer y est plus calme, & le mouillage plus sûr qu'à Saint-Denis, dont la rade est gâtée par une quantité prodigieuse d'ancres abandonnées par les vaisseaux. Leurs cables s'y coupent fort promptement; cependant les marins préferent Saint-Denis.

Dans un coup de vent du large on ne peut sortir de la baye de Saint-Paul; & si un vaisseau étoit jetté en côte, tout l'équipage périroit, la mer brisant sur un sable fort élevé.

Le 23, nous perdîmes Bourbon de vue. Les services que nous avions reçus de Monsieur & de Mlle. de Cremon pendant notre séjour, les vents favorables, une bonne table, & la société d'un Capitaine très-honnête, M. de Rosbos, nous disposoient au plaisir de retrouver l'Indien.

Nous plaignions les passagers de ce vaisseau, qui avoient eu à éprouver le mauvais tems & la disette de vivres.

On compte neuf-cents lieues de Bourbon au Cap. Le 6 Janvier 1771. nous vîmes le matin la pointe de Natal, à dix lieues devant nous. Nous comptions dans trois jours être à bord de l'Indien. Nous avions eu jusqu'à ce jour vent-arriere. Il fit calme le soir, & une chaleur étouffante. A minuit le ciel étoit très-enflammé d'éclairs, & l'horison couvert partout de grands nuages redoublés. La mer étinceloit de poissons qui s'agitoient autour du vaisseau.

A trois heures de nuit le vent contraire s'éleva de l'ouest avec tant de violence qu'il nous obligea de mettre à la cape sous la misaine. La tempête jetta à bord un petit oiseau semblable à une mesange. L'arrivée des oiseaux de terre sur les vaisseaux est toujours signe d'un très-mauvais

<small>Coup de vent.</small>

temps, car c'est une preuve que le foyer de la tempête est fort avant dans les terres.

{Mât de Misaine rompu.} Le troisième jour du coup de vent, nous nous apperçûmes que notre mât de misaine avoit fait un effort à quatre pieds au-dessus du gaillard ; on serra la voile, on relia le mât de cordages & de piéces de bois, & nous tînmes la cape sous la grande voile.

La mer étoit monstrueuse & nous cachoit l'horison. On fut fort surpris de voir à une portée de canon un vaisseau Hollandois manœuvrant comme nous. Il fut impossible de lui parler. Le cinquième jour le vent s'appaisa. On examina notre mât de misaine qui se trouva absolument rompu. Cet accident nous fit redoubler de vœux pour l'arrivée au Cap.

Le gros temps nous avoit fait perdre du chemin suivant l'ordinaire, il succéda du calme, qui nous fit perdre du temps.

Le 12, nous retrouvâmes le vaisseau Hollandois, & nous lui parlâmes. Il eut la précaution de ne fe laiffer approcher que fes mèches allumées & fes canons détapis : il venoit de Batavia, il alloit au Cap.

Enfin le 16 Janvier nous eûmes l'après-midi la vue du Cap, à tribord. Nous louvoyâmes toute la nuit. Le 17 au matin il s'éleva une brife très-violente. Le Ciel étoit couvert d'une brume épaiffe qui nous cachoit abfolument la terre. Nous allions manquer l'entrée de la Baye, lorfque nous apperçûmes par notre travers, dans un éclairci, un coin de la montagne de la Table. Alors nous ferrâmes le vent, & vers midi nous nous trouvâmes près de la côte, qui eft très-élevée. Elle eft abfolument dépouillée d'arbre; fa partie fupérieure eft à pic, formée de couches de rochers paralelles; le pied eft arondi en croupe. Elle reffemble à d'anciennes murailles de fortifications avec leur talud.

Terre du Cap.

Nous longeâmes la terre. A midi nous nous trouvâmes derriere la montagne du

Lion, qui de loin reſſemble à un Lion en repos. Sa tête eſt détachée & formée d'un gros rocher, dont les aſſiſes repréſentent la criniere. Le corps eſt compoſé de croupes de différentes collines. De la tête du Lion on ſignale les vaiſſeaux par un pavillon.

En cet endroit le vent nous manqua, parce que le Lion nous mettoit à l'abri; il falloit, pour entrer dans la Baye, paſſer entre l'Iſle Roben, que nous voyions à gauche devant nous, & une langue de terre appellée la pointe aux pendus, qui ſe trouve au pied du Lion. Nous en étions à deux portées de canon, & notre impatience redoubloit. C'eſt de-là que l'on apperçoit le vaiſſeau de la rade, & l'Indien n'en devoit pas être le moins remarquable.

Enfin la marée nous avançant peu-à-peu, nous vîmes, des hunes, ſe développer ſucceſſivement douze vaiſſeaux qui étoient au mouillage ; mais aucun d'eux ne portoit le pavillon François : c'étoit la Flotte de Batavia.

Absence de l'Indien.

Nous jettâmes l'ancre à l'entrée de la Baye. A trois heures après-midi, le Capitaine du Port vint à bord, & nous assura que l'Indien n'avoit point paru.

Nous voyons au fond de la Baye, la montagne de la Table, la terre la plus élevée de toute cette côte. Sa partie supérieure est de niveau, & escarpée de tous côtés, comme un autel ; la ville est au pied, sur le bord de la Baye. Il s'amasse souvent sur la Table, une brume épaisse, entassée & blanche comme la neige. Les Hollandois disent alors que *la nappe est mise*. Le Commandant de la rade hisse son pavillon ; c'est un signal aux vaisseaux de se tenir sur leurs gardes, & une défense aux chaloupes de mettre en mer. Il descend de cette nappe des tourbillons de vent mêlé de brouillard semblable à de

Montagne de la Table.

longs flocons de laine. La terre est obscurcie de nuages de sable, & souvent les vaisseaux sont contraints d'appareiller. Dans cette saison, cette brise ne s'éleve guère que sur les dix heures du matin, & dure jusqu'au soir. Les marins aiment beaucoup la terre du Cap, mais ils en craignent la rade, qui est encore plus dangereuse depuis le mois d'Avril jusqu'en Septembre.

En 1722, toute la Flotte des Indes y périt à l'ancre, à l'exception de deux vaisseaux. Depuis ce tems il n'est plus permis à aucun Hollandois d'y mouiller au de-là du 6 Mars. Ils vont à Falsebaye où ils sont à l'abri.

On avoit essayé de joindre la pointe aux pendus à l'isle Roben, pour faire de la rade, un Port qui n'eût qu'une ouverture ; mais on a fait des travaux inutiles.

Je comptois descendre le soir même, mais la brise m'en empêcha.

De grand matin la Normande fut se mouiller plus près de la ville. Elle est formée de maisons blanches bien alignées, qui ressemblent de loin à de petits châteaux de carte.

Au lever du soleil, trois chaloupes joliment peintes nous aborderent. Elles étoient envoyées par des bourgeois, qui nous invitoient à descendre chez eux pour y loger. Je descendis dans la chaloupe d'un Allemand, qui m'assura que pour mon argent je serois très-bien chez M. Nedling, Aide-de-Camp de la bourgeoisie.

En traversant la rade, je réfléchissois à l'embarras singulier où j'allois me trouver, sans habits, sans argent, sans connoissance, chez des Hollandois, à l'extrémité de l'Afrique. Mais je fus distrait de mes réflexions par un spectacle nouveau. Nous passions auprès de quantité de veaux marins, couchés sans inquiétude sur des paquets de goëmon flottant semblable à ces longues trompes dont les Bergers rappellent leurs troupeaux : des pinguoins nageoient tranquillement à la portée de nos rames, les oiseaux marins venoient se reposer sur les chaloupes, & je vis même, en descendant sur le sable, deux pélicans qui jouoient avec un gros dogue, & lui prenoient la tête dans leur large bec.

Je concevois une bonne opinion d'une terre dont le rivage étoit hospitalier, même aux animaux.

Au Cap, ce 10 Janvier 1771.

LETTRE

LETTRE XXI.

Du Cap. Voyage à Constance & à la montagne de la Table.

Les rues du Cap sont très-bien alignées. Quelques-unes sont arrosées de canaux, & la plupart sont plantées de chênes. Il m'étoit fort agréable de les voir couverts de feuilles au mois de Janvier. La façade des maisons étoit ombragée de leur feuillage, & les deux côtés de la porte étoient bordés de siéges en brique ou en gason, où des Dames fraîches & vermeilles étoient assises. J'étois ravi de voir enfin des physionomies & de l'architecture Européenne.

Je traversai, avec mon guide, une partie de la place, & j'entrai chez Madame Nedling, grosse Hollandoise, fort gaie. Elle prenoit le thé, au milieu de sept ou huit Officiers de la Flotte, qui fumoient

II. Part.   C

leur pipe. Elle me fit voir un appartement fort propre, & m'affura que tout ce qui étoit dans la maifon étoit à mon fervice.

Quand on a vu une ville Hollandoife, on les a toutes vues : de même chez eux, l'ordre d'une maifon eft celui de toutes les autres. Voici quelle étoit la police de la fienne. Il y avoit toujours dans la falle de compagnie, une table couverte de pêche, de melons, d'abricots, de raifins, de poires, de fromages, de beurre frais, de vin, de tabac & de pipes. A huit heures on fervoit le thé & le caffé ; à midi un dîner très-abondant en gibier & en poiffon ; à quatre heures, le thé & le caffé ; à huit, un fouper comme le diner. Ces bonnes gens mangeoient toute la journée.

Le prix de ces penfions n'alloit pas autrefois à une demi-piaftre, ou 50 fols de France par jour, mais des Marins François, pour fe diftinguer des autres nations, le mirent à une piaftre, & c'eft aujourd'hui pour eux leur taux ordinaire.

Ce prix eft exceffif, vu l'abondance des denrées : il eft vrai que ces endroits font beaucoup plus honnêtes que nos meilleures auberges. Les Domeftiques de la maifon font à votre difpofition ; on invite à dîner qui l'on veut, on peut paffer quelques jours à la campagne de l'Hôte, fe fervir de fa voiture, tout cela fans payer.

Après dîner, je fus voir le Gouverneur Monfieur de Tolbac, vieillard de quatre-vingts ans, que fon mérite avoit placé à la tête de cette Colonie depuis cinquante ans. Il m'invita à dîner pour le lendemain. Il avoit appris ma pofition & y parut fenfible.

Je fus me promener enfuite au jardin de la compagnie ; il eft divifé en grands quarrés arrofés par un ruiffeau. Chaque quarré eft bordé d'une charmille de chênes de vingt pieds de hauteur. Ces paliffades mettent les plantes à l'abri du vent qui eft toujours très-violent ; on a même eu la précaution de défendre les jeunes arbres des avenues par des éventails de roseau.

Je vis dans ce jardin des plantes de l'Asie & de l'Afrique, mais sur-tout des arbres de l'Europe couverts de fruits dans une saison où je ne leur avois jamais vu de feuilles.

Je me rappellai qu'un Officier de la marine du Roi, appellé le Vicomte du Chaila m'avoit donné en partant de l'Isle de France une lettre pour M. Berg, Secrétaire du Conseil. J'avois cette lettre dans ma poche, n'ayant pas eu le tems de la mettre avec mes autres papiers sur l'Indien : je fus saluer M. Berg, & je lui remis la lettre de mon ami.

Il me reçut parfaitement bien & m'offrit sa bourse. Je me servis de son crédit pour les choses dont j'avois un besoin indispensable. Je lui proposai de me faire passer sur un des vaisseaux de l'Inde : six partoient incessamment pour la Hollande, & les six autres au commencement de mars.

Il m'auſſura que la choſe étoit impoſſible, qu'ils avoient là-deſſus des défenſes très-expreſſes de la Compagnie d'Hollande. Le Gouverneur m'en avoit dit autant, il fallut donc ſe réſoudre à reſter au Cap auſſi long-tems qu'il plairoit à ma deſtinée. J'y avois été conduit par un évènement imprévu, j'eſpérois en ſortir par un autre.

C'étoit pour moi une diſtraction bien agréable qu'une ſociété tranquille, un peuple heureux & une terre abondante en toutes ſortes de biens.

Le fils de M. Berg m'invita à venir à Conſtance, vignoble fameux ſitué à quatre lieues de-là. Nous fûmes coucher à ſa campagne, ſituée derriere la montagne de la Table : il y a deux petites lieues de la Ville. Nous y arrivâmes par une très-belle avenue de châtaigniers. Nous y vîmes des vignobles près d'être vendangés, des vergers, des bois de chênes, & une abondance extrême de fruits & de légumes.

Voyage à Conſtance.

Le lendemain nous continuâmes notre route à Conſtance : c'eſt un coteau qui regarde le nord, (qui eſt ici le côté du ſoleil à midi). En approchant nous traverſâmes un bois d'arbres d'argent ; il reſſemble à nos pins, & ſa feuille à celle de nos ſaules. Elle eſt revêtue d'un duvet blanc très-éclatant.

Arbres d'argent.

Cette forêt paroît argentée. Lorſque les vents l'agitent & que le ſoleil l'éclaire, chaque feuille brille comme une lame de métal. Nous paſſâmes ſous ces rameaux ſi riches & ſi trompeurs, pour voir des vignes moins éclatantes, mais bien plus utiles.

Une grande allée de vieux chênes nous conduiſit au vignoble de Conſtance. On voit ſur le frontiſpice de la maiſon une mauvaiſe peinture de la Conſtance, grande fille aſſez laide qui s'appuie ſur une colomne. Je croyois que c'étoit une figure allégorique de la vertu Hollandoiſe : mais on me dit que c'étoit le portrait d'une

Demoiselle *Conſtantia*, fille d'un Gouverneur du Cap. Il avoit fait bâtir cette maiſon avec de larges foſſés, comme un château fort. Il ſe propoſoit d'en élever les étages, mais des ordres d'Europe en arrêterent la conſtruction.

Nous trouvâmes le maître de la maiſon, fumant ſa pipe en robe-de-chambre. Il nous mena dans ſa cave & nous fit goûter de ſon vin. Il étoit dans de petits tonneaux, appellés alverames, contenans 90 pintes, rangés dans un ſouterrain fort propre. Il en reſtoit une trentaine. Sa vigne, année commune, en produit deux-cents. Il vend le vin rouge trente-cinq piaſtres l'alverame, & trente le vin blanc. Ce bien lui appartient en propre. Il eſt ſeulement obligé d'en réſerver un peu pour la Compagnie, qui le lui paye. Voilà ce qu'il nous dit.

Fameux vignoble.

Après avoir goûté ſon vin, nous fûmes dans ſon vignoble. Le raiſin muſcat que je goûtai me parut parfaitement ſembla-

C iv

ble au vin que je venois de boire. Les vignes n'ont point d'échalas, & les grappes font peu élevées fur le fol. On les laiffe mûrir jufqu'à-ce que les grains foient à moitié confits par le foleil. Nous goûtâmes une autre efpece de raifins fort doux qui ne font pas mufcats. On en tire un vin auffi cher, qui eft un excellent cordial.

<small>Bas-Conftance.</small> La qualité du vin de Conftance vient de fon terroir. On a planté des mêmes feps à la même expofition à un quart de lieue de-là, dans un endroit appellé le Bas-Conftance : il y a dégénéré. J'en ai goûté. Le prix, ainfi que le goût, en eft très-inférieur, on ne le vend que douze piaftres l'alverame ; des fripons du Cap en attrapent quelquefois les Étrangers.

Auprès du Vignoble eft un jardin immenfe, j'y vis la plupart de nos arbres fruitiers en haies & en charmilles, chargés de fruits. Ils font un peu inférieurs aux nôtres, excepté le raifin que je préfererois. Les oliviers ne s'y plaifent pas.

Nous trouvâmes au retour de la promenade un ample déjeûner, l'Hôteſſe nous combla d'amitié; elle deſcendoit d'un François réfugié; elle paroiſſoit ravie de voir un homme de ſon pays. Le mari & la femme me montrerent devant la maiſon un gros chêne creux, dans lequel ils dînoient quelquefois. Ils étoient unis comme Philémon & Baucis, & ils paroiſſoient auſſi heureux, ſi ce n'eſt que le mari avoit la goutte, & la femme pleuroit quand on parloit de la France.

Depuis Conſtance juſqu'au Cap, on voyage dans une plaine inculte couverte d'arbriſſeaux & de plantes. Nous nous arrêtâmes à Neuhauſen, jardin de la compagnie, diſtribué comme celui de la Ville, mais plus fertile. Toute cette partie n'eſt pas expoſée au vent, comme le territoire du Cap où il élève tant de pouſſiere, que la plupart des maiſons ont de doubles chaſſis aux fenêtres, pour s'en garantir. Le ſoir nous arrivâmes à la Ville.

A quelques jours de-là mon hôte, M. Nedling, m'engagea à venir à fa campagne, fituée auprès de celle de M. Berg. Nous partîmes dans fa voiture, attelée de fix chevaux. Nous y paffâmes plufieurs jours dans un repos délicieux. La terre étoit jonchée de pêches, de poires & d'oranges, que perfonne ne recueilloit; les promenades étoient ombragées des plus beaux arbres. J'y mefurai un chêne de onze pieds de circonférence; on prétend que c'eft le plus ancien qu'il y ait dans le pays.

Voyage à Tableberg. Le 3 Février, mon hôte propofa à quelques Hollandois d'aller fur Tableberg, montagne efcarpée au pied de laquelle la Ville paroît fituée. Je me mis de la partie. Nous partîmes à pied, à deux heures après minuit. Il faifoit un très-beau clair de lune. Nous laiffâmes à droite un ruiffeau qui vient de la montagne, & nous dirigeâmes notre route à une ouverture qui eft au milieu, & qui ne paroît de la Ville que comme une léfarde à une grande muraille. Chemin faifant nous entendîmes hurler des loups, & nous tirâmes quelques coups de fufil en l'air pour les écarter ; le fentier eft rude jufqu'au pied de l'efcarpement de la montagne, mais il le devient enfuite bien davantage. Cette fente qui paroît dans la table, eft une féparation oblique qui a plus d'une portée de fufil de largeur à fon entrée inférieure ; dans le haut, elle n'a pas deux toifes. Ce ravin eft une efpece d'efcalier très-roide, rempli de fable & de roches roulées. Nous le grimpâmes, ayant à droite & à gauche des efcarpement du roc, de plus de deux cents pieds de hauteur. Il en fort de groffes maffes de pierre toute prêtes à s'ébouler : l'eau fuinte des fentes, & y entretient une multitude de plantes aromatiques. Nous entendîmes dans ce paffage, les hurlemens des bavians, forte de gros finge, qui reffemble à l'ours.

Après trois heures & demie de fatigue, nous parvînmes fur la table. Le foleil fe levoit de deffus la mer, & fes rayons blanchiffoient, à notre droite, les fommets efcarpés du Tigre, & de quatre autres chaînes de montagnes, dont la plus éloignée paroît la plus élevée. A gauche, un peu derriere nous, nous voyions, comme fur un plan, l'Ifle des Pingouins, enfuite Conftance, la Baye de Falfe & la montagne du Lion : devant nous l'Ifle Roben. La Ville étoit à nos pieds. Nous en diftinguions jufques aux plus petites rues. Les vaftes quarrés du jardin de la Compagnie, avec fes avenues de chênes & fes hautes charmilles, ne paroiffoient que des plates-bandes avec leurs bordures en buis ; la Citadelle un petit pentagone grand comme la main, & les vaiffeaux des Indes des coques d'amande. Je fentois déjà quelque orgueil de mon élévation, lorfque je vis des aigles qui planoient à perte de vue au-deffus de ma tête.

Il auroit été impoffible après tout, de n'avoir pas quelques mépris pour de fi petits objets, & furtout pour les hommes qui nous paroiffoient comme des fourmis, fi nous n'avions pas eu les mêmes befoin. Mais nous avions froid & nous nous fentions de l'appétit. On alluma du feu & nous déjeûnâmes. Après déjeûner nos Hollandois mirent la nappe au bout d'un bâton, pour donner un fignal de notre arrivée; mais ils l'ôterent une demi-heure après parce qu'on la prendroit, difoient-ils, pour un pavillon François.

Le fommet de Tableberg eft un rocher plat, qui me parut avoir une demi-lieue de longueur fur un quart de largeur. C'eft une efpèce de quarts blanc, revêtu feulement par endroits, d'un pouce ou deux de terre noire végétale, mêlée de fable & de gravier blanc. Nous trouvâmes quelques petites flaques d'eau, formées par les nuages qui s'y arrêtent fouvent.

Les couches de cette montagne font

paralelles ; je n'y ai trouvé aucun foffile. Le roc inférieur eft une efpèce de grais, qui à l'air fe décompofe en fable. Il y en a des morceaux qui reffemblent à des morceaux de pain avec leur croûte.

Quoique le fol du fommet n'ait prefque aucune profondeur, il y avoit une quantité prodigieufe de plantes.

Plantes fur la montagne de la Table. J'y recueillis dix efpèces d'immortelles, de petits myrthes, une fougere d'une odeur de thé, une fleur femblable à l'impériale d'un beau ponceau, & plufieurs autres dont j'ignore les noms. J'y trouvai une plante dont la fleur eft rouge & fans odeur; on la prendroit pour une tubereufe. Chaque tige a deux ou trois feuilles tournées en cornet & contenant un peu d'eau. La plus finguliere de toutes, parce qu'elle ne reffemble à aucun végétal que j'aie vu, eft une fleur ronde en rofe, de la grandeur d'un louis, tout-à-fait plate. Cette fleur brille des plus jolies couleurs. Elle n'a ni tige ni feuille. Elle croît en quantité sur le gravier, où elle ne tient que par des filets imperceptibles. Quand on la manie on ne trouve qu'une substance glaireuse. Voici cinq plantes entieres qui affectent dans leur configuration une ressemblance avec une seule partie de ce qui est commun aux autres.

1°. Le noftoc qui n'est qu'une *féve*, 2°. un chevelu qui croît sur les orties, & qui ressemble aux *filamens* d'une racine, 3°. le litchen semblable à une *feuille*, 4°. la *fleur* isolée de Tableberg, 5°. la truffle d'Europe qui est un *fruit*. Je pourrois y joindre la *racine* de la grotte de l'Isle de France, si ce n'étoit pas le seul exemple que j'aie à apporter.

Je serois très-disposé à croire que la Nature a suivi le même plan dans les animaux. J'en connois plusieurs, surtout des marins, qui ressemblent pour la forme à des membres d'animaux.

J'arrivai, en me promenant, à l'extrémité de la Table : de-là je saluai l'océan atlantique, car on n'eſt plus dans la mer des Indes après avoir doublé le Cap. Je rendis hommage à la mémoire de Vaſco de Gama, qui oſa le premier doubler ce promontoire des tempêtes. Il eût mérité que les marins de toutes les Nations y euſſent placé ſa ſtatue, & j'y eus fait volontiers une libation de vin de Conſtance, pour ſa patience héroïque. Il eſt douteux cependant que Gama ſoit le premier navigateur qui ait ouvert cette route au commerce des Indes. Pline rapporte qu'Hannon fit le tour depuis la mer d'Eſpagne juſqu'en Arabie, comme on peut le voir, dit-il, dans les Mémoires de ce voyage qu'il a laiſſés par écrit. Cornelius Nepos dit avoir vu un Capitaine de Navire, qui, fuyant la colere du Roi Lathyrus, vint de la mer rouge en Eſpagne. Longtems auparavant Cœlius Antipater aſſuroit qu'il avoit connu un Marchand Eſpagnol qui alloit, par mer, trafiquer juſques en Éthiopie.

À L'ISLE DE FRANCE. 49

Quoi qu'il en soit, le Cap si redou- *Montagne* des marins par sa mer orageuse, est une grande *du Cap.* montagne située à seize lieues d'ici, & qui a donné son nom à cette Ville, malgré son éloignement. Elle termine la pointe la plus méridionale de l'Afrique. Elle est dans les traités un point de démarcation; au de-là, les prises navales sont encore légitimes, plusieurs mois après que les Princes sont d'accord en Europe. Elle a vu souvent la paix à sa droite, & la guerre à sa gauche entre les mêmes pavillons; mais elle les a vu plus souvent se réunir dans ses rades & y être en bonne intelligence, lorsque la discorde troubloit les deux hémisphères. J'admirois cet heureux rivage que jamais la guerre n'a désolé, & qui est habité par un peuple utile à tous les autres par les ressources de son œconomie & l'étendue de son commerce. Ce n'est pas le climat qui fait les hommes. Cette Nation sage & paisible ne doit point ses mœurs à son territoire. La piraterie, les

II. Part. D

guerres civiles agitent les Régences d'Alger, de Maroc, de Tripoli, & les Hollandois ont porté l'Agriculture & la concorde à l'autre extrémité de l'Afrique.

J'amufois ma promenade par ces réflexions fi douces & fi rares à faire dans aucun lieu de la terre : mais la chaleur du foleil m'obligea de chercher un abri. Il n'y en a point d'autre qu'à l'entrée du ravin. J'y trouvai mes camarades auprès d'une petite fource où ils fe repofoient. Comme ils s'ennuyoient, on décida le retour. Il étoit midi. Nous defcendîmes, quelques-uns fe laiffant gliffer affis, d'autres accorupis fur les mains & fur les pieds. Les roches & les fables s'échappoient deffous nos pas. Le foleil étoit prefque à pic, & fes rayons réfléchis par les rochers collatéraux, faifoient éprouver une chaleur infupportable. Souvent nous quittions le fentier & courions nous cacher à l'ombre pour refpirer fous quelque pointe de roc. Les genoux me manquoient ; j'étois accablé de soif: nous arrivâmes vers le soir à la Ville. Madame Nedling nous attendoit. Les rafraîchissemens étoient prêts. C'étoit de la limonade, où l'on avoit mis de la muscade & du vin. Nous en bûmes sans danger. Je fus me coucher. Jamais voyage ne me fit tant de plaisir, & jamais le repos ne me parut si agréable.

Je suis, &c.

Au Cap, ce 6 Février 1771.

LETTRE XXII.

Qualités de l'air & du sol du Cap de Bonne-Espérance ; plantes, insectes & animaux.

L'AIR du Cap de Bonne-Espérance est très-sain. Il est rafraîchi par les vents du sud-est, qui y sont si froids, même au milieu de l'Eté, qu'on y porte en tout tems des

Qualité de l'air.

habits de drap. Sa latitude est cependant par le trente-trois degré sud. Mais je suis persuadé que le pole Austral est plus froid que le Septentrionnal.

Il regne peu de maladies au Cap. Le scorbut s'y guérit très-vîte, quoiqu'il n'y ait pas de tortues de mer. En revanche la petite vérole y fait des ravages affreux. Beaucoup d'habitans en sont profondément marqués. On prétend qu'elle y fut apportée par un vaisseau Danois. La plupart des Hottentots qui en furent atteints en moururent. Depuis ce tems ils sont réduits à un très-petit nombre, & ils viennent rarement à la Ville.

Du sol. Le sol du Cap est un gravier sablonneux, mêlé d'une terre blanche. J'ignore s'il renferme des minéraux précieux. Les Hollandois tiroient autrefois de l'or de Lagoa, sur le canal Mosambique. Ils y avoient même un établissement, mais ils l'ont abandonné à cause du mauvais air.

J'ai vu chez le Major de la place une

terre sulfureuse où se trouvent des morceaux de bois réduits en charbon, une véritable pierre à plâtre, des cubes noirs de toutes les grandeurs, amalgamés sans avoir perdu leur forme ; on croit que c'est une mine de fer.

Je n'y ai vu aucun arbre du pays que l'arbre d'or & l'arbre d'argent, dont le bois n'est bon qu'à brûler. Le premier ne differe du second que par la couleur de sa feuille, qui est jaune. Il y a, dit-on, des forêts dans l'intérieur, mais ici la terre est couverte d'un nombre infini d'arbrisseaux & de plantes à fleurs. Ceci confirme l'opinion où je suis qu'elles ne réussissent bien que dans les pays tempérés, leur calice étant formé pour rassembler une chaleur modérée. (Voyez les entretiens, sur la Végétation.) Dans le nombre des plantes qui m'ont paru les plus remarquables, indépendamment de celles que j'ai décrites précédemment, sont ; une fleur rouge, qui ressemble à un papillon, avec un panache,

Des plantes.

des pattes, quatre aîles, & une queue. Une espece d'hiacynthe à longue tige, dont toutes les fleurs sont adossées au sommet comme les fleurons de l'impériale; une autre fleur bulbeuse, croissant dans les marais: elle est semblable à une grosse tulipe rouge, au centre de laquelle est une multitude de petites fleurs.

Un arbrisseau dont la fleur ressemble à un gros artichaux couleur de chair. Un autre arbrisseau commun, dont on fait de très-belles haies: ses feuilles sont opposées sur une côte, il se charge de grappes de fleurs papillonnacées couleur de rose. Il leur succede des graines légumineuses. J'en ai apporté pour les planter en France. (*a*)

Insectes. J'ai vu dans les insectes une belle sauterelle rouge, marbrée de noir, des papillons fort beaux, & un insecte fort singu-

---

(*a*) A mon arrivée, j'en ai remis des Plantes au Jardin du Roi où elles végétoient très-bien dans l'été de 1772. elles avoient passé dans la serre l'hyver précédent.

lier : c'est un petit scarabée brun, il court assez vîte ; quand on veut le saisir, il lâche avec bruit un vent suivi d'une petite fumée : si le doigt en est atteint, cette vapeur le marque d'une tache brune, qui dure quelques jours. Il répete plusieurs fois de suite son artillerie. On l'appelle le *Canonier*.

Les colibris n'y sont pas rares. J'en ai vu un gros comme une noix, d'un ver changeant sur le ventre. Il avoit un collier de plumes rouges, brillantes comme des rubis sur l'estomac, & des aîles brunes comme un moineau : c'étoit comme un sur-tout sur son beau plumage. Son bec étoit noir, assez long & propre par sa courbure à chercher le miel dans le sein des fleurs ; il en tiroit une langue fort menue & fort longue. Il vécut plusieurs jours. Je lui vis manger des mouches & boire de l'eau sucrée. Mais comme il s'avisa de se baigner dans la coupe où on l'avoit mise, les plumes se collerent & attirerent les fourmis qui le mangerent pendant la nuit.

Oiseaux.

D iv

J'y ai vu des Oiseaux couleur de feu avec le ventre & la tête comme du velours noir : l'hyver ils deviennent tous bruns. Il y en a qui changent de couleur trois fois l'an. Il y a aussi un Oiseau de Paradis, mais je ne l'ai pas trouvé si beau que celui d'Asie. Je n'ai pas vu cette espece vivante. *L'ami du Jardinier*, & une espece de tarin se trouvent fréquemment dans les jardins. L'ami du Jardinier mériteroit bien d'être transporté en Europe, où il rendroit de grands services à nos jardins. Je l'ai vu s'occuper constamment à prendre des chenilles & à les accrocher aux épines des buissons.

Il y a des aigles, & un oiseau qui lui ressemble beaucoup. On l'appelle le *secrétaire*, parce qu'il a autour du cou une fraise de longues plumes propres à écrire. Il a cela de singulier, qu'il ne peut se tenir debout sur ses jambes, qui sont longues & couvertes d'écailles. Il ne vit que de serpens. La longueur de ses pattes cuiraſſées le rend très-propre à les ſaiſir, & cette fraiſe de plumes lui met le cou & la tête à l'abri de leurs morſures. Cet oiſeau mériteroit bien auſſi d'être naturaliſé chez nous. L'autruche y eſt très-commune : on m'en a offert de jeunes pour un écu. J'ai mangé de leurs œufs, qui ſons moins bons que ceux des poules. J'y ai vu auſſi le caſoar, couvert de poils rudes au lieu de plumes. Il y a une quantité prodigieuſe d'oiſeaux marins dont j'ignore les noms & les mœurs. Le pinguoin pond des œufs fort eſtimés; mais je n'y ai rien trouvé de merveilleux. Ils ont cela de ſingulier, que le blanc, étant cuit, reſte toujours tranſparent.

La mer abonde en poiſſon qui m'a paru ſupérieur à celui des iſles, mais inférieur à ceux d'Europe. On trouve ſur ſes rivages quelques coquilles, des nautiles papyracés, des têtes de meduſe, des lepas & de fort beaux lithophytes, que l'on arrange ſur des papiers, où ils repréſentent de fort jolis arbres, bruns, aurore & pourprés. On

Poiſſons.

les vend aux Voyageurs. J'y ai vu un poisson de la grandeur & de la forme d'une lame de couteau flamand. Il étoit argenté & marqué naturellement de chaque côté de l'impression de deux doigts. Il y a des veaux marins, des baleines, des vaches marines, des morues, & une grande variété d'especes de poissons ordinaires, mais dont je ne vous parlerai point, faute d'observations & de connoissances suffisantes dans l'ichthyologie.

Quadrupedes. Il y a une espece fort commune de petites tortues de montagne à écaille jaune marquetée de noir; on n'en fait aucune sorte d'usage. Il y a des porc-épis, & des marmottes d'une forme différente des nôtres; une grande variété de cerfs & de chevreuils, des ânes sauvages, des zebres, &c. Un Ingénieur Anglois y a tué, il y a quelques années, une giraffe ou caméléopard, animal de seize pieds de hauteur, qui broutte les feuilles des arbres.

Le bavian est un gros singe fait comme

un ours. Le singe paroît se lier dans la nature avec toutes les classes animales. Je me souviens d'avoir vu un sapajou qui avoit la tête & la criniere d'un lion. Celui de Madagascar appellé maki, ressemble à une levrette; l'orang-outang à un homme.

Tous les jours on y découvre des animaux d'une espece inconnue en Europe; il semble qu'ils se soient réfugiés dans les parties du globe les moins fréquentées par l'homme, dont le voisinage leur est toujours funeste. On en peut dire autant des plantes, dont les especes sont d'autant plus variées, que le pays est moins cultivé. M. de Tolbac m'a conté qu'il avoit envoyé en Suede, à M. Linnæus, quelques plantes du Cap, si différentes des plantes connues, que ce fameux Naturaliste lui écrivit : *vous m'avez fait le plus grand plaisir ; mais vous avez dérangé tout mon système.*

Il y a de bons chevaux au Cap, & de fort beaux ânes. Les bœufs y ont une grosse

Animaux domestiques.

loupe sur le cou, formée de graisse, entrelacée de petits vaisseaux. Au premier coup-d'œil cette excroissance paroît une monstruosité; mais on voit bientôt que c'est un réservoir de substance, que la Nature à donné à cet animal, destiné en Afrique, à vivre dans des pâturages brû-

<small>Observations.</small> lés. Dans la saison seche il maigrit, & sa loupe diminue; elle se remplit de nouveaux sucs lorsqu'il paît des herbes fraiches. D'autres animaux qui paissent sous le même climat, ont aussi les mêmes avantages : le chameau a une bosse, & le dromadaire en a deux en forme de selle; le mouton a une grosse queue faite en capuchon, qui n'est qu'une masse de suif de plusieurs livres.

On a dressé ici les bœufs à courir presque aussi vîte que les chevaux avec les charrettes auxquelles ils sont attelés.

<small>Bêtes féroces.</small> Le mouton & le bœuf sont si communs, qu'on en jette aux boucheries la tête & les pieds; ce qui attire, la nuit, les loups

jufques dans la Ville. Souvent je les entends hurler aux environs. Pline obferve que les lions d'Europe, qui fe trouvent en Romanie, font plus adroits & plus forts que ceux d'Afrique, & les loups d'Afrique & d'Égypte font, dit-il, petits & de peu d'exécution. En effet, les loups du Cap font bien moins dangereux que les nôtres. Je pourrois ajouter à cette obfervation, que cette fupériorité s'étend aux hommes même de notre continent. Nous avons plus d'efprit & de courage que les Afiatiques & les Negres : mais il me femble que ce feroit une louange plus digne de nous, de les furpaffer en juftice, en bonté, & en qualités fociales.

Le tigre eft plus dangereux que le loup; il eft rufé comme le chat, mais il n'a pas de courage : les chiens l'attaquent hardiment.

Il n'en eft pas de même du lion. Dès qu'ils ont éventé fa voie, la frayeur les faifit. S'ils le voient, ils l'arrêtent ; mais ils ne l'approchent pas. Les chaſſeurs le tirent avec des fuſils d'un très-gros calibre. J'en ai manié quelques-uns ; il n'y a guère qu'un payſan du Cap qui puiſſe s'en ſervir.

On ne trouve de lions qu'à ſoixante lieues d'ici ; cet animal habite les forêts de l'intérieur ; ſon rugiſſement reſſemble de loin au bruit ſourd du tonnerre. Il attaque peu l'homme, qu'il ne cherche ni n'évite : mais ſi un chaſſeur le bleſſe, il le choiſit au milieu des autres, & s'élance ſur lui avec une fureur implacable. La compagnie donne pour cette chaſſe, des permiſſions & des récompenſes.

Voici un fait dont j'ai pour garants, le Gouverneur, M. de Tolbak, M. Berg, le Major de la place, & les principaux habitans du lieu.

On trouve à ſoixante lieues du Cap, dans les terres incultes, une quantité prodigieuſe de petits cabris. J'en ai vu à la ménagerie de la Compagnie ; ils ont deux petits daguets sur la tête; leur poil est fauve avec des taches blanches. Ces animaux paissent en si grand nombre, que ceux qui marchent en avant, dévorent toute la verdure de la campagne & deviennent fort gras, tandis que ceux qui suivent ne trouvent presque rien, & sont très-maigres. Ils marchent ainsi en grandes colomnes jusqu'à ce qu'ils soient arrêtés par quelque chaîne de montagnes; alors ils rebroussent chemin, & ceux de la queue trouvant à leur tour des herbes nouvelles, réparent leur embonpoint, tandis que ceux qui marchoient devant le perdent. On a essayé d'en former des troupeaux, mais ils ne s'apprivoisent jamais. Ces armées innombrables sont toujours suivies de grandes troupes de lions & de tigres, comme si la Nature avoit voulu assurer une subsistance aux bêtes feroces. On ne peut guères douter sur la foi des hommes que j'ai nommés, qu'il n'y ait des armées de lions dans l'intérieur de l'Afrique; d'ailleurs la tradition Hollandoife eft conforme à l'Hiftoire. Polybe dit qu'étant avec Scipion en Afrique, il vit un grand nombre de lions qu'on avoit mis en croix pour éloigner les autres des villages. Pompée, dit Pline, en mit à la fois fix-cents aux combats du colifée; il y en avoit trois-cents quinze mâles. Il y a quelque caufe phyfique qui femble réferver l'Afrique aux animaux. On peut préfumer que c'eft la difette d'eau qui a empêché les hommes de s'y multiplier & d'y former de grandes nations comme en Afie. Dans une fi grande étendue de côtes, il ne fort qu'un petit nombre de rivieres peu confidérables. Les animaux qui paiffent peuvent fe paffer longtems de boire. J'ai vu fur des vaiffeaux, des moutons qui ne buvoient que tous les huit jours, quoiqu'ils vécuffent d'herbes féches.

Les Hollandois ont formé des établiffemens à trois-cents lieues le long de l'océan, & à cent-cinquante fur le canal Mofambique.

Mosambique; ils n'en ont guères à plus de cinquante lieues dans les terres. On prétend que cette Colonie peut mettre sous les armes quatre ou cinq mille Blancs; mais il seroit difficile de les rassembler. Ils en augmenteroient bientôt le nombre, s'ils permettoient l'exercice libre des Religions. La Hollande craint peut-être pour elle-même l'accroissement de cette Colonie, préférable en tout à la métropole. L'air y est pur & tempéré; tous les vivres y abondent; un quintal de bled n'y vaut que cent sols, dix livres de moutons douze sols, une legre de vin contenant deux bariques & demie, cent cinquante livres. On perçoit sur ces ventes qui se font aux Étrangers, des droits considérables; l'habitant vit à beaucoup meilleur marché.

Ce Pays donne encore au commerce, des peaux de mouton, de bœuf, de veau marin, de tigre; de l'aloës, des salaisons, du beurre, des fruits secs, & toutes sortes de comestibles. On a essayé inutilement d'y planter le caffé & la canne de sucre; les végétaux de l'Asie n'y réussissent pas. Le chêne y croît vîte, mais il ne vaut rien pour les constructions, il est trop tendre. Le sapin n'y vient pas. Le pin s'y élève à une hauteur médiocre. Ce pays auroit pu devenir, par sa position, l'entrepôt du commerce de l'Asie, mais les Arsenaux de la Marine sont dans le nord de l'Europe. D'ailleurs sa rade est peu sûre, & sa relâche est toujours périlleuse. J'ai vu dans cette saison, qui est la plus belle de l'année, plusieurs vaisseaux forcés d'appareiller. Après tout, il doit remercier la nature qui lui a donné tout ce qui étoit nécessaire aux besoins des Européens, de n'y avoir pas ajouté ce qui pouvoit servir à leurs passions.

Au Cap de Bonne-Espérance, ce 10 *Février* 1771.

LETTRE XXIII.

Esclaves, Hottentots, Hollandois.

L'ABONDANCE du pays se répand sur les Esclaves. Ils ont du pain & des légumes à discretion. On distribue à deux Noirs un Mouton par semaine. Ils ne travaillent point le Dimanche. Ils couchent sur des lits avec des matelats & des couvertures. Les hommes & les femmes sont chaudement vêtus. Je parle de ces choses comme témoin, & pour l'avoir sçu de plusieurs Noirs que les François avoient vendus aux Hollandois pour les punir, disoient-ils, mais dans le fond pour y profiter. Un Esclave coûte ici une fois plus qu'à l'Isle de France. L'homme y est donc une fois plus précieux. Le sort de ces Noirs seroit préférable à celui de nos Paysans d'Europe, si quelque chose pouvoit compenser la liberté.

Le bon traitement qu'ils éprouvent influe fur leur caractere. On eft étonné de leur trouver le zele & l'activité de nos domeftiques. Ce font cependant ces mêmes Infulaires de Madagafcar, qui font fi indifferens pour leurs Maîtres dans nos Colonies.

Les Hollandois tirent encore des Efclaves de Batavia. Ce font des Malaiyes, nation très-nombreufe de l'Afie, mais peu connue en Europe. Elle a une langue & des ufages qui lui font particulier. Ils font plus laids que les Negres, dont ils ont les traits. Leur taille eft plus petite, leur peau eft d'un noir cendré, leurs cheveux font longs, mais peu fournis. Ces Malayes ont les paffions très violentes.

Hottentots. Les Hottentots font les naturels du pays, ils font libres. Ils ne font point voleurs, ne vendent point leurs enfans, & ne fe réduifent point entr'eux à l'efclavage. Chez eux l'adultere eft puni de mort, on lapide le coupable. Quelques-uns fe louent comme

Domestiques pour une piastre par an, &
servent les Habitans avec tant d'affection,
qu'ils exposent souvent leur vie pour eux.
Ils ont pour armes la demi-lance ou
zagaye.

L'administration du Cap ménage beaucoup les Hottentots. Lorsqu'ils portent des
plaintes contre quelque Européen, ils sont
favorablement écoutés : la présomption
devant être en faveur de la Nation qui a
le moins de desirs & de besoins.

J'en ai vu plusieurs venir à la Ville, en
conduisant des charriots attelés quelquefois
de huit paires de Bœufs. Ils ont des fouets
d'une longueur prodigieuse qu'ils manient
à deux mains. Le Cocher de dessus son
siége en frappe avec une égale adresse la
tête ou la queue de son attelage.

Les Hottentots sont des Peuples Pasteurs,
ils vivent égaux ; mais dans chaque Village
ils choisissent, entre eux, deux hommes auxquels ils donnent le titre de Capitaine &
de Caporal, pour regler les affaires de

commerce avec la compagnie. Ils vendent leurs troupeaux à très-bon marché. Ils donnent trois ou quatre Moutons pour un morceau de tabac. Quoiqu'ils aient beaucoup de bestiaux, ils attendent souvent qu'ils meurent pour les manger.

Ceux que j'ai vus avoient une peau de Mouton sur leurs épaules, un bonnet & une ceinture de la même étoffe. Ils me firent voir comment ils se couchoient. Ils s'étendoient nus sur la terre & leur manteau leur servoit de couverture.

Ils ne sont pas si noirs que les Negres. Ils ont cependant comme eux le nez applati, la bouche grande & les levres épaisses. Leurs cheveux sont plus courts & plus frisés. Ils ressemblent à une ratine. J'ai observé que leur langage est très-singulier, en ce que chaque mot qu'ils prononcent est précédé d'un claquement de langue, ce qui leur a, sans doute, fait donner le nom de chocchoquas, qu'ils portent sur d'anciennes Cartes de M. de l'Isle. On croiroit en effet qu'ils difent toujours chocchoq.

Quant au tablier des femmes Hottentotes, c'eſt une fable dont tout le monde m'a atteſté la fauſſeté ; elle eſt tirée du voyageur Kolben qui en eſt rempli.

Une obſervation plus ſûre eſt celle de Pline, qui remarque que les animaux ſont plus imbeciles à proportion que leur ſang eſt plus gras. Les plus forts animaux ont, dit-il, le ſang plus épais, & les ſages l'ont plus ſubtil. J'ai remarqué en effet ſur des Noirs bleſſés que leur ſang ſe cailloit très promptement. J'attribuerois volontiers à cette cauſe la ſupériorité des Blancs ſur les Noirs.

Indépendamment des Eſclaves & des Hottentots, les Hollandois attachent encore à leur ſervice des engagés. Ce ſont des Européens auxquels la Compagnie fait des avances & que les Habitans prennent chez eux, en rendant à l'adminiſtration ce qu'elle a débourſé.

Ils ſont pour l'ordinaire Économes ſur

les habitations. On eſt aſſez content d'eux les premieres années, mais l'abondance où ils vivent les rend pareſſeux.

Mœurs des Hollandois. On ne donne point à jouer au Cap : on n'y fait point de viſites. Les femmes veillent ſur leurs domeſtiques & ſur leurs maiſons, dont les meubles ſont d'une propreté extrême. Le mari s'occupe des affaires du dehors. Le ſoir toute la famille réunie ſe promene & reſpire le frais, lorſque la briſe eſt tombée. Chaque jour ramene les mêmes plaiſirs & les mêmes affaires.

L'union la plus tendre regne entre les parents. Le frere de mon hoteſſe étoit un payſan du Cap venu de 70 lieues de-là. Cet homme ne diſoit mot & étoit preſque toujours aſſis à fumer ſa pipe. Il avoit avec lui un fils âgé de dix ans qui ſe tenoit conſtamment auprès de lui. Le pere mettoit la main contre ſa joue & le careſſoit ſans lui parler ; l'enfant auſſi ſilentieux que le pere, ſerroit ſes groſſes mains dans les ſiennes, en le regardant avec des yeux pleins de la tendreſſe filiale. Ce petit garçon étoit vétu comme on l'eſt à la campagne. Il avoit dans la maiſon un parent de ſon âge habillé proprement ; ces deux enfants alloient ſe promener enſemble avec la plus grande intimité. Le Bourgeois ne mépriſoit pas le Payſan, c'étoit ſon Couſin.

J'ai vu Mlle. Berg, âgée de ſeize ans, diriger ſeule une maiſon très-conſidérable. Elle recevoit les Étrangers, veilloit ſur les domeſtiques, & maintenoit l'ordre dans une famille nombreuſe, d'un air toujours ſatisfait. Sa jeuneſſe, ſa beauté, ſes graces, ſon caractère, réuniſſoient en ſa faveur tous les ſuffrages ; cependant je n'ai jamais remarqué quelle y fît attention. Je lui diſois un jour qu'elle avoit beaucoup d'amis : j'en ai un grand, me dit-elle, c'eſt mon pere.

Le plaiſir de ce Conſeiller étoit de s'aſſeoir, au retour de ſes affaires, au milieu de ſes enfans. Ils ſe jettoient à ſon cou, les plus petits lui embraffoient les genoux; ils le prenoient pour juge de leurs querelles ou de leurs plaifirs, tandis que la fille aînée excufant les uns, approuvant les autres, souriant à tous, redoubloit la joie de ce cœur paternel. Il me sembloit voir l'Antiope d'Idoménée.

Ce peuple, content du bonheur domeftique que donne la vertu, ne l'a pas encore mis dans des romans & sur le théâtre. Il n'y a pas de spectacles au Cap, & on ne les defire pas. Chacun en voit dans fa maifon de fort touchans ; des domeftiques heureux, des enfans bien élevés, des femmes fidelles. Voilà des plaifirs que la fiction ne donne pas. Ces objets ne fourniffent guère à la converfation, auffi on y parle peu. Ce font des gens mélancoliques qui aiment mieux fentir que raifonner. Peut-être auffi faute d'évènemens n'a-t-on rien à dire; mais qu'importe que l'efprit foit vuide, fi le cœur eft plein, & fi les douces émotions de la nature peuvent l'agiter, fans

Ils n'ont pas encore mis le bonheur dans des Romans & sur le Théâtre.

être excitées par l'artifice, ou contraintes par de fausses bienséances ?

Lorsque les filles du Cap deviennent sensibles, elles l'avouent naïvement. Elles disent que l'amour est un sentiment naturel, une passion douce, qui doit faire le charme de leur vie, & les dédommager du danger d'être meres : mais elles veulent choisir l'objet qu'elles doivent toujours aimer. Elles respecteront, disent-elles, étant femmes, les liens qu'elles se sont préparés étant filles.

Elles ne font point un mystere de l'amour : elles l'expriment comme elles le sentent. Êtes-vous aimé ? Vous êtes accepté, distingué, fêté, chéri publiquement. J'ai vu Mlle Nedling pleurer le départ de son amant. Je l'ai vu préparer en soupirant les présens qui devoient être les gages de sa tendresse. Elle n'en cherchoit pas de témoins, mais elle ne les fuyoit pas.

Cette bonne foi est ordinairement suivie d'un mariage heureux. Les garçons portent la même franchise dans leurs procédés. Ils reviennent d'Europe pour remplir leur promesses; ils reparoissent avec le mérite du danger & d'un sentiment qui a triomphé de l'absence : l'estime se joint à l'amour, & nourrit, toute la vie, dans ces âmes constantes, le desir de plaire qu'ailleurs on porte chez ses voisins.

Quelque heureuse que soit leur vie, avec des mœurs si simples & sur une terre si abondante, tout ce qui vient de la Hollande leur est toujours cher. Leurs maisons sont tapissées des vues d'Amsterdam, de ses places publiques & de ses environs. Ils n'appellent la Hollande que la patrie; des étrangers même à leur service, n'en parlent jamais autrement. Je demandois à un Suédois, Officier de la Compagnie, combien la Flotte mettroit de temps à retourner en Hollande : il nous faut, dit-il, trois mois pour nous rendre dans la patrie.

Ils ont une Église fort propre, où le service Divin se fait avec la plus grande décence. Je ne sçais pas si la Religion ajoute à leur félicité, mais on voit parmi eux des hommes dont les peres lui ont sacrifié ce qu'ils avoient de plus cher. Ce sont les réfugiés François. Ils ont à quelques lieues du Cap un établissement appellé la petite Rochelle. Ils sont transportés de joie quand ils voient un compatriote, ils l'amenent dans leurs maisons, ils le préfentent à leurs femmes & à leurs enfans, comme un homme heureux qui a vû le pays de leurs ancêtres, & qui doit y retourner. Sans cesse ils parlent de la France, ils l'admirent, ils la louent, & ils s'en plaignent comme d'une mere qui leur fut trop févere. Ils troublent ainsi le bonheur du pays où ils vivent, par le regret de celui où ils n'ont jamais été.

On porte au Cap un grand respect aux Magistrats, & surtout au Gouverneur. Sa maison n'est distinguée des autres que par un sentinelle, & par l'usage de sonner de la trompette lorsqu'il dîne. Cet honneur est attaché à sa place; d'ailleurs aucun fafte n'accompagne fa perfonne. Il fort fans fuite; on l'aborde fans difficulté. Sa maifon eft fituée fur le bord d'un canal ombragé par des chênes plantés devant fa porte. On y voit des portraits de Ruiter, de Tromp, ou de quelques hommes illuftres de la Hollande. Elle eft petite & fimple, & convient au petit nombre de folliciteurs qui y font appellés par leurs affaires ; mais celui qui l'habite eft fi aimé & fi refpecté, que les gens du pays ne paffent point devant elle fans la faluer.

Il ne donne point de fêtes publiques ; mais il aide de fa bourfe des familles honnêtes qui font dans l'indigence. On ne lui fait point la cour. Si on demande juftice, on l'obtient du Confeil ; fi ce font des fecours, ce font des devoirs pour lui : on n'auroit à folliciter que des injuftices.

Il eft prefque toujours maître de fon temps, & il en difpofe pour maintenir l'union & la paix, perfuadé que ce font elles qui font fleurir les fociétés. Il ne croit pas que l'autorité du chef dépende de la division des membres. Je lui ai ouï dire que la meilleure politique étoit d'être droit & juste.

Il invite souvent à sa table les Etrangers. Quoi qu'âgé de 80 ans sa conversation est fort gaie; il connoît nos ouvrages d'esprit & les aime. De tous les François qu'il a vus, celui qu'il regrette d'avantage étoit l'Abbé de la Caille. Il lui avoit fait bâtir un observatoire. Il estimoit ses lumieres, sa modestie, son désintéressement, ses qualités sociales. Je n'ai connu que les ouvrages de ce Sçavant; mais en rapportant le tribut que des Etrangers rendent à sa cendre, je me félicite de finir le portrait de ces hommes estimables par l'éloge d'un homme de ma nation.

LETTRE XXIV.

Suite de mon journal du Cap.

JE fus invité par M. Serrurier, premier Ministre des Églises, à aller voir la Bibliothéque. C'est un édifice fort propre. J'y remarquai sur-tout beaucoup de livres de Théologie qui n'y ont jamais occasionné de dispute, car les Hollandois n'y vont point. A l'extrémité du jardin de la Compagnie, il y a une ménagerie où l'on voit une grande quantité d'oiseaux. Les pélicans, que j'avois vus sur le rivage à mon arrivée, étoient les commensaux de cette maison; mais on les en avoit chassés parce qu'ils mangeoient les petits canards. Ils alloient dans le jour pêcher dans la rade, & revenoient coucher le soir à terre.

Le 10 Février on signala un Navire François; c'étoit l'Alliance, un de ceux que l'ouragan avoit forcé d'appareiller de Bourbon. Il avoit perdu fon artimon dans la tempête. Il ne put nous donner aucune nouvelle de l'Indien. Il prit quelques vivres & continua fa route pour l'Amérique fans réparer la perte de fon mât. Les Hollandois en ont de grandes provifions qu'ils confervent en les enterrant dans le fable : mais ils les vendent fort cher. Le mât de mifaine de la Normande lui coûta mille écus.

Le 11 la Digue, flûte du Roi partie de l'Ifle de France il y avoit un mois, vint relâcher pour faire quelques provifions. Je connoîffois le Capitaine, M. le Fer. Il me dit qu'il ne feroit pas plus de huit jours au mouillage, & que de-là il feroit route pour l'Orient. Je ne comptois plus revoir l'Indien ni mes effets; cette occafion me parut favorable; je réfolus d'en profiter.

Je fis part de ma réfolution à M. Berg & à M. De Tolbac : ils me réitérerent l'un & l'autre l'offre de leur bourfe. Un foir, soupant chez le Gouverneur, on parla du vin de Conſtance. M. de Tolbac me demanda ſi je n'en emporterois pas en Europe. Je lui répondis naturellement que le déſordre arrivé dans mon œconomie ne me permettoit pas de faire cette emplette, à laquelle j'avois deſtiné une ſomme pour en faire préſent à une perſonne à qui j'étois fort attaché. Il me dit qu'il vouloit me tirer de cet embarras en me donnant une alverame de vin rouge ou blanc, ou toutes les deux à la fois ſi cela me faiſoit plaiſir. Je lui répondis qu'une ſeule ſuffiſoit, & que je la préſenterois de ſa part à celui auquel je la deſtinois. « Non, dit-il, » c'eſt vous à qui je la donne, afin que » vous vous ſouveniez de moi. Je ne vous » demande pour toute reconnoiſſance que » de m'écrire votre arrivée ». Il me l'envoya le lendemain. M. Berg, de ſon côté, à qui j'avois beaucoup parlé des honnêtetés que j'avois reçues de Monſieur & de Mademoiſelle de Cremon, me dit qu'il ſe chargeoit de ma reconnoissance; & qu'il leur enverroit de ma part vingt-quatre bouteilles de vin de Constance.

Dans une situation où je manquois de tout, je trouvois mon sort heureux d'avoir rencontré parmi des étrangers, des hommes si obligeans.

J'arrêtai avec le Capitaine de la Digue mon passage en France, à raison de six-cents livres. Il devoit partir quelques jours après. J'usai avec beaucoup de circonspection, du crédit de M. Berg. Je me fis faire un habit uni & un peu de linge. C'étoit-là tout l'équipage d'un Officier qui revenoit des Indes Orientales. Non-seulement j'avois perdu tous mes effets, mais je me trouvois endetté de plus de quatorze-cents livres.

A peine j'avois fait mes arrangemens, que le vaisseau l'Africain vint mouiller au Cap; il venoit y chercher des vivres; il étoit parti de l'Isle de France vers la mi-Janvier. Il nous apportoit des nouvelles de l'Indien : voici ce que nous en apprîmes.

Ce malheureux vaisseau avoit perdu tous ses mâts dans la tempête ; & après avoir tenu la mer plus d'un mois, il étoit enfin retourné à l'Isle de France en si mauvais état, qu'on l'avoit désarmé. Il avoit reçu des coups de mer par ses hauts qui avoient mouillé une partie de sa cargaison, & inondé la sainte-barbe au point que les malles des passagers y flottoient. Un honnête-homme, appellé M. de Moncherat, m'écrivoit qu'il s'étoit chargé de visiter les miennes à leur arrivée, & qu'à l'exception de ce qui étoit dans ma chambre, il y avoit eu peu de dommage.

On nous raconta un évènement bien étrange arrivé sur l'Indien. Entre les mauvais sujets qui viennent à l'Isle de France, on y avoit fait passer un homme de bonne maison, appellé M. de **** Il avoit assassiné en France son beau frere. Dans la traversée il eut une querelle avec le Subrecargue de son vaisseau. En arrivant à terre, en plein jour sur la place publique, sans autre formalité, il le perça de son épée, & lui en rompit la lame dans le corps. Il s'enfuit dans les bois, d'où on le ramena en prison. Son procès fut fait, & il alloit être condamné au supplice lorsqu'on fit, la nuit, un trou au mur de sa prison, par où il s'évada.

Cet évènement étoit arrivé deux mois avant mon départ.

Pendant la tempête qu'essuya l'Indien, le mât de misaine rompit, & tomba à la mer. On se hâtoit d'en couper les cordages, lorsqu'on vit au milieu des lames, un matelot accroché à la hune de ce mât flottant. Il crioit sauvez-moi, sauvez-moi, je suis ****. En effet c'étoit ce misérable. Au retour de l'Indien à l'Isle de France, on le fit encore évader. M. de Tolbac disoit a ce sujet, « qui doit être pendu » ne peut pas se noyer ».

On n'avoit reçu aucune nouvelle de l'Alliance qui avoit probablement péri.

Ce fut pour moi un grand bonheur de recevoir mes effets à la veille de mon départ, & de n'être plus fur l'Indien, qui probablement refteroit longtemps à l'Ifle de France.

La Digue différa fon départ jufqu'au 2 Mars. Je payai toute ma dépenfe avec mes lettres de change fur le tréfor des Colonies, à fix mois de vue, & j'y perdis vingt-deux pour cent d'efcompte.

Je pris congé du Gouverneur, & de M. Berg, qui me donna beaucoup de curiofités naturelles. Je lui avois fait part de quelques-unes des miennes. Mlle Berg me donna trois perruches à tête grife, groffes comme des moineaux ; elles venoient de Madagafcar. Mon hoteffe me fit une provifion de fruits, & me fouhaita, en pleurant, ainfi que fa famille, un heureux voyage.

Je quittai à regret de fi bonnes gens ;

& ces jardins d'arbres fruitiers d'Europe que je laiſſois au mois de Mars chargés de fruits. J'avois cependant un grand plaiſir à imaginer que j'allois les retrouver couverts de fleurs en Europe, & que dans un an j'aurois eu deux étés ſans hyver : mais, ce qui vaut encore mieux que les beaux pays & les douces ſaiſons, j'allois revoir ma patrie & mes amis.

LETTRE XXV.

Départ du Cap; deſcription de l'Aſcenſion.

LE 2 de Mars à deux heures après midi, nous appareillâmes avec ſix vaiſſeaux de la Flotte de Batavia. Les ſix autres étoient partis il y avoit quinze jours. Nous ſortîmes par la deuxieme ouverture de la Baye, laiſſant l'Iſle Roben à gauche. Nous dépaſſâmes bien vîte les navires Hollandois. Ils vont de compagnie jusqu'à la hauteur des Açores, où deux vaisseaux de Guerre de leur Nation les attendent pour les convoyer jusqu'en Hollande.

Les marins regardent le Cap comme le tiers du chemin de l'Isle de France en Europe; ils comptent un autre tiers du Cap au passage de la Ligne inclusivement: le troisieme est pour le reste de la route.

Huit jours après notre départ, pendant que nous étions sur le pont, après dîner, dans une parfaite sécurité, on vit sortir une grande flâme da la cheminée de la cuisine; elle s'élevoit jusqu'à la hauteur de l'écoute de misaine. Tout le monde courut sur l'avant. Ce ne fut qu'une terreur panique : un cuisinier mal-adroit avoit répandu des graisses dans le foyer de sa cuisine. On conta, à ce sujet, que le feu ayant pris à la misaine du vaisseau le..., toute la voilure de l'avant fut enflâmée dans un instant. Les Officiers & l'Équipage avoient perdu la tête, & vinrent en tumulte avertir le Capitaine. Il fortit de fa chambre & leur dit froidement : mes amis, ce n'eft rien ; il n'y a qu'à ariver. En effet, la flamme pouffée en avant par le vent arriere s'amortit dès qu'il n'y eut plus de toile. Cet homme de fang-froid s'appelloit M. de Surville. C'étoit un Capitaine de la Compagnie du plus grand mérite.

Nous eûmes conftamment le vent du fud-eft, & une belle mer jufqu'à l'Afcenfion. Le 20. Mars nous étions par fa latitude, qui eft de huit dég. fud. mais nous avions trop pris de l'eft. Nous fûmes obligés de courir en longitude, notre intention étant d'y mouiller pour y pêcher de la tortue.

Le 22 au matin nous en eûmes la vue. On apperçoit cette Ifle de dix lieues, quoiqu'elle n'ait gueres qu'une lieue & demie de diamètre. On y diftingue un morne pointu appellé la montagne verte. Le refte de l'Ifle eft formé de collines noires & rouffes, & les parties des rochers voisines de la mer étoient toutes blanches de la fiente des oiseaux.

En approchant, le païsage devient bien plus affreux. Nous longeâmes la côte pour arriver au mouillage, qui est dans le nord-ouest. Nous apperçûmes au pied de ces mornes noirs comme les ruines d'une ville immense. Ce sont des rochers fondus, qui ont coulé d'un ancien volcan; ils se sont répandus dans la plaine & jusqu'à la mer, sous des formes très-bisarres. Tout le rivage dans cette partie en est formé. Ce sont des pyramides, des grottes, des demi-voûtes, des cul-de-lampes; les flots se brisent contre ces anfractuosités: tantôt ils les couvrent & forment, en retombant, des nappes d'écumes ; tantôt trouvant des plateaux élevés, percés de trous, ils les frappent en-dessous & jaillissent en longs jets d'eau ou en aigrettes. Ces rivages noirs & blancs étoient couverts d'oiseaux marins. Quantité de Frégates nous entourerent & voloient dans nos manœuvres, où on les prenoit à la main.

Nous mouillâmes le foir à l'entrée de la grande anfe. Je defcendis dans le canot avec les gens deftinés à la pêche de la tortue. Le débarquement eft au pied d'une maffe de rochers que l'on apperçoit du mouillage à l'extrêmité de l'anfe fur la droite. Nous defcendîmes fur un gros fable très-beau. Il eft blanc, mêlé de grains rouges, jaunes, & de toutes les couleurs, comme ces grains d'anis appellés mignonette. A quelques pas de-là nous trouvâmes une petite grotte dans laquelle eft une bouteille où les vaiffeaux qui paffent mettent des lettres. On caffe la bouteille pour les lire, après quoi on les remet dans une autre.

Nous avançâmes environ cinquante pas en prenant fur la gauche derriere les rochers. Il y a là une petite plaine, dont le fol fe brifoit fous nos pieds, comme s'il eût été glacé. J'y goûtai ; c'étoit du sel, ce qui me parut étrange, n'y ayant pas d'apparence que la mer vienne jusques-là.

On apporta du bois, la marmite, & la voile du canot sur laquelle nos Matelots se coucherent en attendant la nuit. Ce n'est que sur les huit heures du soir que les tortues montent au rivage. Nos gens se reposoient tranquillement, lorsque l'un deux se leva en sursaut en criant : un mort, voici un mort... En effet, à une petite croix élevée sur un monceau de sable, nous vîmes qu'on y avoit enterré quelqu'un. Cet homme s'étoit couché dessus sans y penser ; aucun de nos Matelots ne voulut rester là davantage : il fallut, pour leur complaire, avancer cent pas plus loin.

La lune se leva & vint éclairer cette solitude. Sa lumiere qui rend les sites agréables plus touchants, rendoit celui-ci plus effroyable. Nous étions au pied d'un morne noir, au haut duquel on distinguoit une grande croix que des marins y ont plantée. Devant nous la plaine étoit couverte de rochers, d'où s'élevoit une infinité de pointes de la hauteur d'un homme. La lune faisoit briller leur sommet blanchi de la fiente des oiseaux. Ces têtes blanches sur ces corps noirs, dont les uns étoient debout, & les autres inclinés, paroissoient comme des spectres errans sur des tombeaux. Le plus profond silence regnoit sur cette terre désolée; de tems à autre on entendoit seulement le bruit de la mer sur la côte, où le cri vague de quelque frégate effrayée d'y voir des habitans.

Nous fûmes dans la grande anse attendre les tortues. Nous étions couchés sur le ventre dans le plus grand silence. Au moindre bruit cet animal se retire. Enfin nous en vîmes sortir trois des flots ; on les distinguoit comme des masses noires qui grimpoient lentement sur le sable du rivage. Nous courûmes à la premiere :

mais notre impatience nous la fit manquer. Elle redescendit la pente & se mit à la nâge. La seconde étoit plus avancée, & ne put retourner sur ses pas. Nous la jettâmes sur le dos. Dans le reste de la nuit, & dans la même anse, nous en tournâmes plus de cinquante, dont quelques-unes pesoient cinq-cents livres.

Le rivage étoit tout creusé de trous où elles pondent jusqu'à trois-cents œufs, qu'elles recouvrent de sable, où le soleil les fait éclorre. On tua une tortue & on en fit du bouillon ; après quoi, je fus me coucher dans la grotte où l'on met les lettres, afin de jouir de l'abri du rocher, du bruit de la mer, & de la mollesse du sable. J'avois chargé un Matelot d'y porter mon sac de nuit : mais jamais il n'osa passer seul devant le lieu où il avoit vu un homme enterré. Il n'y a rien à la fois de si hardi & de si superstitieux que les Matelots.

Je dormis avec grand plaisir. A mon réveil je trouvai un scorpion & des cancres las à l'entrée de ma caverne. Je ne vis aux environs, d'autres herbes qu'une espece de tithimale ou éclaire. Son suc étoit laiteux & très-acre : l'herbe & les animaux étoient dignes du pays.

Je montai sur le flanc d'un des mornes, dont le sol retentissoit sous mes pieds. C'étoit une véritable cendre rousse & salée. C'est peut-être de-là que provient la petite saline où nous avions passé la nuit. Un fou vint s'abbatre à quelques pas de moi. Je lui présentai ma canne, il la saisit de son bec sans prendre son vol. Ces oiseaux se laissoient prendre à la main, ainsi que toutes les especes qui n'ont pas éprouvé la société de l'homme ; ce qui prouve qu'il y a une sorte de bonté & de confiance naturelle à toutes les créatures envers les animaux qu'ils ne croient pas malfaisans. Les oiseaux n'ont pas peur des bœufs.

Nos Matelots tuerent beaucoup de frégates pour leur enlever une petite portion de graisse qu'elles ont vers le cou. Ils croient que c'est un spécifique contre la goutte, parce que cet oiseau est fort léger : mais la nature, qui a attaché ce mal à notre intempérance, n'en a pas mis le remede dans notre cruauté.

Sur les dix heures du matin la chaloupe vint embarquer les tortues. Comme la lame étoit grosse, elle se mouilla au large, & avec une corde placée à terre, en va & vient; elle les tira à elle l'une après l'autre.

Cette manœuvre nous occupa toute la journée. Le soir on remit à la mer les tortues qui nous étoient inutiles. Quand elles sont longtems sur le dos, les yeux leur deviennent rouges comme des cerises, & leur sortent de la tête. Il y en avoit plusieurs sur le rivage, que d'autres vaisseaux avoient laissé mourir dans cette situation. C'est une négligence cruelle.

LETTRE

LETTRE XXVI.

Conjectures sur l'antiquité du sol de l'Ascension, de l'Isle de France, du Cap de Bonne-Espérance, & de l'Europe.

PENDANT que nos matelots travailloient à embarquer les tortues, je fus m'asseoir dans une des cavités de ces rochers dont la plaine est couverte ; à la vue de ce désordre effroyable, je fis quelques réflexions.

Si ces ruines, me disois-je, étoient celles d'une Ville, que de Mémoires nous aurions sur ceux qui l'ont bâtie & sur ceux qui l'ont ruinée ! Il n'y a point de colonne en Europe qui n'ait son Historien.

Tous les Sçavans conviennent de l'origine & de la durée de Babylone, qui n'a plus d'habitans, & perfonne n'eft d'accord fur la nature & l'antiquité du globe, qui eft la patrie de tous les hommes. Les uns le forment par le feu, les autres par l'eau: ceux-ci par les loix du mouvement, ceux-là par celles de la cryftalifation. Les peuples d'occident croient qu'il n'a pas fix-mille ans, ceux de l'orient difent qu'il eft éternel.

Il eft probable qu'il n'y auroit qu'un fyftême, fi le refte de la terre reffembloit à cette Ifle. Ces pierres-ponces, ces collines de cendres, ces rocs fondus qui ont bouillonné comme du mâchefer, prouvent évidemment qu'elle doit fon origine à un volcan : mais combien y a-t-il d'années que fon explofion s'eft faite ?

Conjectures par l'affaiffement des collines. Il me femble que fi ce tems étoit fort reculé, ces monceaux de cendres ne feroient pas en pyramides : la pluie, le foleil les eût affaiffés. Les angles & les contours de ces roches ne feroient pas aigus & tranchants, parce qu'une longue action de l'atmosphere détruit les parties faillantes des corps: des ſtatues de marbre taillées par les Grecs font redevenues à l'air des blocs informes.

Seroit-il donc ſi difficile de juger de l'ancienneté d'un corps par ſon dépériſſement, puiſqu'on juge bien de l'antiquité d'une médaille par ſa rouille? Un vieux rocher n'eſt-il pas une médaille de la terre frappée par le tems? *Par le dépériſſement des rochers.*

D'ailleurs, ſi cette Iſle étoit fort ancienne, ces blocs de pierre qui ſont à la ſurface de la terre, s'y feroient enſevelis par leur propre poids; c'eſt un effet lent, mais ſûr de la peſanteur. Les piles de boulets & les canons poſés ſur le ſol des arſenaux s'y enterrent en peu d'années. La plupart des monumens de la Grèce & de l'Italie ſe ſont enfoncés au-deſſus de leur ſoubaſſement. Quelques-uns même ont tout-à-fait diſparu. *Par leur profondeur dans le ſol.*

Si donc je pouvois ſçavoir *combien un*

De l'Af-corps dont la forme & la pefanteur eſt con-
cenſion. nue doit mettre de tems à s'enfoncer dans
un terrein dont on connoît la réſiſtance,
j'aurois un rapport qui me feroit trouver
celui que je cherche. Le calcul fera facile
quand les expériences feront faites ; en
attendant je peux croire raiſonnablement
que cette Iſle eſt très-moderne.

De l'Iſle J'en peux penſer autant de l'Iſle de France;
de France. mais comme ſes montagnes pointues ont
déjà des croupes, comme ſes rochers font
enfoncés au tiers ou au quart en terre, &
que leurs angles font un peu émouſſés, je
ſuis perſuadé que ſa date remonte pluſieurs
ſiecles au de-là.

Du Cap Le Cap de Bonne-Eſpérance me paroît
de Bonne-
Eſpérance. beaucoup plus ancien. Les rochers qui ſe
font détachés du ſommet des montagnes
font au Cap tout-à-fait enfoncés dans la
terre, où on les retrouve en creuſant. Les
montagnes ont toutes à leur pied des taluds
fort élevés, formés par les débris de leurs
parties ſupérieures. Ces débris en ont été

détachés par une longue action de l'atmosphere, ce qui est si vrai qu'ils sont en plus grande quantité aux endroits où les vents ont coutume de souffler. Je l'ai observé sur la montagne de la Table, dont la partie opposée au vent de sud-est est bien plus en talud que celle qui regarde la Ville.

J'ai remarqué encore sur la montagne de la Table, des pierres isolées de la grosseur d'un tonneau, dont les angles étoient bien arrondis. Leur fragmens même n'ont plus d'arrêtes vives : ils forment un gravier blanc & lisse, semblable à des amandes applaties. Ces pierres sont fort dures, & ressemblent pour la couleur & le grain à des tablettes de porcelaine usées.

Le dépérissement de ces corps annonce une assez grande antiquité ; cependant je n'ai pas trouvé sur la Table que la couche de terre végétale eût plus de deux pouces de profondeur, quoique les plantes y

<small>Conjectures par la couche végétale.</small>

soient communes; en beaucoup d'endroits même le roc est nud. Il n'y a donc pas un grand nombre de siècles que les végétaux y croissent. Toutefois on n'en peut rien conclure, parce que le sommet n'étant ni de sable ni de pierre poreuse, mais une espèce de caillou blanc, poli & dur, les semences des plantes y auront été long-tems portées par les vents avant d'y pouvoir germer.

La couche végétale dans les plaines est beaucoup plus épaisse, mais on n'en pourroit rien conclure pour l'antiquité du sol; parce que quand cette couche y est considérable, elle peut y avoir été apportée des montagnes voisines par les pluies, ou avoir été entraînée plus loin, quand elle y est rare.

S'il existoit en Europe une montagne élevée, isolée, & dont le sommet fut applati comme celui de la Table, sans être comme lui d'une matiere contraire à la végétation, on pourroit comparer l'épaisseur de sa terre végétale à celle d'un terrein nouveau & pareillement isolé, par exemple à la croûte de quelques-unes de ces isles qui depuis cent ans se sont formées à l'embouchure de la Loire.

En attendant l'expérience je présume que l'Europe est plus ancienne que la terre du Cap, parce que le sommet de ses montagnes n'a pas plus d'escarpement, que leurs flancs ont une pente plus douce, & que les rochers qui sont encore à la surface de la terre sont écornés & arrondis. De l'antiquité de l'Europe.

Il ne s'agit point ici des rochers qui paroissent sur le flanc des montagnes que la mer, les torrents ou le débordement des rivieres ont escarpées, ni des pierres que les pluies mettent à découvert dans les plaines dont elles entraînent la terre, & encore moins des cailloux des champs que la charrue couvre & découvre chaque année : mais de ceux qui par leur masse & leur situation n'obéissent qu'aux seules loix de la pesanteur. Je n'en ai vu aucun de cette espèce dans les plaines de la Russie

& de la Pologne. La Finlande est pavée de rochers, mais ils sont d'une configuration toute différente ; ce sont des collines & des vallons entiers de roc vif. C'est en quelque sorte la terre qui est pétrifiée. Cependant comme les sapins croissent sur les croupes de ces collines ; il paroît qu'elles sont depuis longtems à l'air qui les décompose. Il paroît même que sous une température moins froide cette décomposition se feroit accélérée bien plus vîte ; mais la neige les met pendant six mois à couvert de l'action de l'atmosphere, & le froid qui durcit la terre retarde l'effet de leur pesanteur.

L'espèce de roche que je crois propre aux expériences est celle des environs de Fontainebleau. Ce sont de grosses masses de grès, arrondies, détachées les unes des autres. Quelques-unes sont ensevelies dans le sol à moitié ou aux deux tiers, d'autres sont empilées à la surface comme des amas de pierres à bâtir. Ce sont probablement les sommets de quelque montagne pierreuse qui n'ont pas tout-à-fait disparu Il est probable que chaque siécle acheve de les enfoncer dans le sol, & qu'il y en avoit beaucoup plus il y a deux mille ans. L'action des élémens & de la pesanteur tend à arrondir le globe. Un jour les montagnes de l'Europe auront beaucoup moins de pente, un jour la mer aura dissous les rochers des côtes où elle se brise aujourd'hui, comme elle a détruit ceux de Carybde & de Scylla.

J'ouvris ensuite un livre d'Histoire pour me dissiper. Je tombai sur un endroit où l'Auteur dit de quelques familles Européennes que leur origine *se perd dans la nuit du tems*, comme si leur ancêtres étoient nés avant le soleil. Il parloit ailleurs des peuples du nord comme des fabricateurs du Genre Humain, *officina Gentium* : ce déluge de Barbares, dit-il, que le nord ne pouvoit plus contenir.

Conjectures sur sa population.

J'ai vécu quelque tems dans le nord;

où j'ai parcouru plus de huit-cents lieues, & je ne me rappelle pas y avoir vu aucun monument ancien. Cependant les sociétés nombreuses laissent des traces durables; & depuis le petit clocher d'un Village jusqu'aux pyramides d'Egypte toute terre qui fut cultivée porte des témoignages de l'industrie humaine. Les champs de la Grece & de l'Italie sont couverts de ruines antiques, pourquoi n'en trouve-t-on pas en Russie & en Pologne! C'est que les hommes ne se multiplient qu'avec les fruits de la terre ; c'est que le nord de l'Europe étoit inculte lorsque le midi étoit couvert de moissons, de vignobles & d'oliviers (*Note premiere.*) Ces Peuples dans l'abondance éleverent des autels à tous les biens. Cerès, Pomone, Bacchus, Flore, Palès, les Zephirs, les Nymphes, &c. tout ce qui étoit plaisir fut Divinité. La jeune fille offroit des colombes à l'Amour, des guirlandes aux Grâces, & prioit (*Note seconde.*) Lucine de lui donner un mari fidele. La Religion suivoit alors les mouvements de la nature, & comme la reconnoissance étoit dans tous les cœurs, la terre sous un Ciel favorable se couvrait d'Autels. On vit dans chaque verger le Dieu des Jardins, Neptune sur les rivages, l'Amour dans tous les bosquets : les Nayades eûrent des grottes, les Muses des portiques, Minerve des péristiles ; l'obélisque de Diane parut dans les taillis, & le Temple de Vénus éleva sa coupole au-dessus des forêts.

Mais lorsqu'un habitant de ces belles contrées fut obligé de chercher au nord une nouvelle patrie, lorsqu'il eut pénétré avec sa famille malheureuse sous l'ourse glacée, Dieux ! quel fut son effroi aux approches de l'hyver ! Le soleil paroissoit à peine au-dessus de l'horison, son disque étoit rouge & ténébreux. Le souffle des vents faisoit éclater le tronc des sapins : les fontaines se figeoient, & les fleuves s'étoient arrêtés. Une neige épaiſſe couvroit les prés, les bois & les lacs. Les plantes, les graines, les ſources, tout ce qui ſoutient la vie étoit mort. On ne pouvoit même ni reſpirer, ni toucher à rien, car la mort étoit dans l'air, & la douleur ſortoit de tous les corps. Ah! quand cet infortunée entendit les cris de ſes enfans que le climat dévoroit, quand il vit ſur leurs joues las larmes ſe vitrifier, & leurs bras tendus vers lui ſe roidir... qu'il eut d'horreur de ces retraites funeſtes ! Oſa-t-il eſpérer une poſtérité de la nature, & des moiſſons de ces campagnes de fer ! Sa main dût frémir d'ouvrir un ſol qui tuoit ſes habitans. Il ne lui reſta que de joindre ſa miſere à celle d'un troupeau, de chercher avec lui la mouſſe des arbres, & d'errer ſur une terre où le repos coûtoit la vie. Seulement il s'y creuſa des tannieres, & ſi dans la ſuite on vit du ſein de ces neiges ſortir quelque monument, ſans doute ce fut un tombeau.

Il est probable que le nord de l'Europe ne se peupla que lorsque le midi lui-même fut abandonné. Les Grecs, si souvent tourmentés par leurs tyrans, préférerent enfin la liberté à la beauté du Ciel. Une partie d'entre eux transporta en Hongrie, en Bohème, en Pologne & en Russie les Arts par lesquels l'homme surmonte les éléments, & seul de tous les animaux peut vivre dans tous les climats. Depuis la Morée jusqu'à Arcangel sur une largeur de plus de cinq-cents lieues on ne parle que la langue Esclavone, dont les mots & les lettres mêmes dérivent du Grec. Les Nations du Nord doivent donc leur origine aux Grecs; elles ont dû rentrer dans la Barbarie, en sortir tard, & ne développer leur puissance que sous une bonne législation. Pierre premier a jetté les fondements de leur grandeur moderne, & aujourd'hui une grande Impératrice leur donne des loix dignes de l'Aréopage.

NOTE PREMIERE.

Danaüs vint d'Egypte chez les Grecs exprès pour leur apprendre à faire des puits, tant la plus belle partie de l'Europe & la premiere civilifée étoit encore dans l'enfance. Les Grecs furent fi étonnés de voir les filles de Danaüs tirer de l'eau d'un puits fans le vuider qu'ils s'imaginerent que c'étoit un tonneau inépuifable, ou que le feau du puits étoit criblé, & voilà la fable des Danaïdes. On n'a pas de date de l'arrivée de Danaüs, parce qu'il y a trois mille ans les Peuples policés de l'Europe n'avoient pas de Chronologie.

Quatre-cent-cinquante ans avant la fondation de Rome, Minos conftruifit les premiers bateaux; Dédale dans le même tems inventa les outils, l'art du Charpentier, & les voiles de vaiffeaux, qui pafferent pour des aîles : de-là l'Hiftoire de fon fils Icare.

L'art de fculpter commença à Scio 300 ans avant la fondation de Rome. Celui de peindre & de jetter en fonte ne fut inventé que du tems de Phidias, l'an de Rome 308. D'autres arts encore plus utiles avoient une moindre antiquité.

Voyons en quel tems ils ont commencé chez les Romains. Avant Servius Tullius on ne battoit point monnoie. Il fut le premier qui en fit frapper de cuivre. C'étoient des as qui pesoient deux livres, comme les pieces de Suede d'aujourd'hui. Ce ne fut que l'an de Rome 585 que l'on battit pour la premiere fois de la monnoie d'argent, & ce ne fut qu'en 647 que l'on frappa de la monnoye d'or. (*) On ne vécut à Rome que de bouillie ou de fromentée jusqu'à l'année 580, où pour la premiere fois les Boulangers & les Médecins Grecs vinrent s'établir à Rome.

L'agriculture n'étoit pas plus avancée. Les Grecs avoient tiré la vigne de l'Asie, selon Plutarque. Elle passa ensuite chez les Latins, mais le vin étoit si rare sous Numa qu'il défendit qu'on en arrosât les buchers des funérailles. Lucius Papinianus, Général contre les Samnites, fit vœu d'en offrir un petit gobelet à Jupiter s'il gagnoit

---

(*) Depuis les Romains on a imaginé de la monnoye de papier. Comme on voit, tout se perfectionne. J'ai perdu sur cette perfection de l'Art trente-trois pour cent. Je ne sçais pas si les autres Arts font d'aussi grands progrès.

la bataille : tant le vin alors étoit rare, dit Pline.

Selon Feneſtella, l'an de Rome 183, il n'y avoit point d'oliviers en Italie, en Eſpagne & en Afrique. Pline dit qu'en 440 il n'y avoit d'oliviers en Italie qu'à 40 milles de la mer, & que l'huile ne devint commune qu'en 690 : mais ſous Caton on n'avoit pas encore imaginé d'exprimer de l'huile d'autres graines que de l'olive.

Quant aux légumes, les Romains tirerent les eſchalottes, ou aſcalonites, d'Aſcalon en Judée; les oignons, & la chicorée dont le nom *Chicorium* eſt égyptien, de Chypre & d'Egypte; la menthe & cinq ſortes de navets, de Grece; la porée blanche, de Sicile; les choux, de Naples; les cardons, de Carthage; le chervi, ou carvi de Carie; les melons, de Lacédémone & de Béotie.

Ils avoient importé de même la plupart de leurs arbres fruitiers des pays plus orientaux; les figuiers des environs de Troye, d'Hircanie & de Syrie, les citronniers de la Médie, les noyers & les pêchers de la Perſe, le neflier, le coignaſſier, le cyprès & le plane de Candie, le châtaignier de Sardaigne, le myrthe de la Grece, les lauriers de Delphes & de Chypre, les grenadiers d'Afrique, d'Afrique, beaucoup d'especes de pommiers & de poiriers du Royaume d'Epire; les pruniers, du tems de Caton, étoient fort rares: ceux que nous appellons de damas venoient d'Arménie. De son tems il n'y avoit point d'amandiers en Italie. Les avelines vinrent à Rome du royaume de Pont, d'où Lucullus apporta aussi les cerises; les pistaches furent apportées de Surie par Vitellius, & les jujubes de Syrie, par le Consul Papinianus, sous Auguste.

Les Gaulois ont tiré de l'Italie leurs Arts & leurs végétaux. De quoi vivoient-ils donc quand les Romains n'avoient encore ni légumes, ni fruits, ni pain, ni vin, ni argent, ni industrie? S'ils vivoient en Peuples pasteurs, ils n'étoient pas nombreux. Et qu'étoient-ce alors que les Nations du Nord? Celles qui firent'une incursion en Italie du tems de Marius, étoient probablement des Nations errantes comme celles du Canada. Les Scythes les chassoient vers l'occident & vers le midi,

SECONDE NOTE.

LEs jeunes Filles chantoient à Rome, dans les jeux féculaires :

> *Rité maturos aperire partus*
> *Lenis Illithya, tuere matres,*
> *Sive tu Lucina probas vocari,*
>   *Seu Genitalis*
>
> *Diva ; producas fobolem, patrùmque*
> *Profperes decreta fuper jugandis*
> *Fœminis, prolifque novæ feraci*
>   *Lege maritâ.*
>
> HORAT. épod. lib. ode 14.

Ce qui veut dire : « Donnez à nos meres d'heu-
« reux accouchements, douce Lucine, qui pré-
» fidez à la naiſſance des hommes ; Déeſſe de la
» génération, préparez pour nous une nouvelle
» poſtérité, & faites réuſſir les loix du Sénat en
» faveur des Mariages.

LETTRE XXVII.

Observations sur l'Ascension. Départ. Arrivée en France.

MEs réflexions sur l'Ascension m'avoient mené assez loin ; c'est qu'on jouit des objets agréables, & que les tristes font réfléchir. Aussi l'homme heureux ne raisonne guère : il n'y a que celui qui souffre qui médite, pour trouver au moins des rapports utiles dans les maux qui l'environnent. Tant il est vrai que la nature a fait, du plaisir, le ressort de l'homme ; quand elle n'a pu le placer dans son cœur, elle l'a mis dans sa tête.

Quoique l'Ascension soit sans terre & sans eau, elle ne tient point sur le globe une place inutile. La tortue y trouve trois mois de l'année à faire ses pontes loin du bruit. C'est un animal solitaire qui fuit les rivages fréquentés. Un vaisseau qui mouille ici pendant vingt-quatre heures; la chaffe de la Baye pendant plufieurs jours, & s'il tire du canon, elle ne reparoît pas de plufieurs femaines. Les frégates & les fous ont plus de familiarité, parce qu'ils ont moins d'expérience : mais fur les côtes habitées, ils choififfent les pics les plus inacceffibles, & ne fe laiffent point approcher. L'Afcenfion eft pour eux une république : les mœurs primitives s'y confervent, & l'efpece s'y multiplie, parce qu'aucun tyran n'y peut vivre. Sans doute l'Être Suprême a voulu qu'il exiftât des fables ftériles au milieu de la mer, des terres défolées, mais protégées par les élémens, comme des lieux de refuge & des afyles facrés où les animaux puffent goûter des biens qui ne leur font pas moins chers qu'aux hommes, le repos & la liberté.

Cette Ifle a encore fa franchife naturelle, que de fi belles contrées ont perdue. Quoique fituée entre l'Afrique & l'Amérique, elle a échappé à l'efclavage qui a flétri ces deux vaftes continents. Elle eft commune à toutes les nations & n'appartient à aucune. Il eft rare cependant d'y voir mouiller d'autres vaiffeaux que des Anglois & des François, qui s'y arrêtent en revenant des Indes. Les Hollandois qui relâchent au Cap n'ont pas befoin de chercher de nouveaux vivres.

L'air de l'Afcenfion eft très-pur. J'y ai couché deux nuits à l'air fans couverture : j'y ai vu tomber de la pluie, & les nuages s'arrêter au fommet de la montagne verte qui ne m'a paru guère plus élevée que Montmartre. C'eft fans doute un effet de l'attraction, qui eft plus fenfible fur la mer que fur la terre.

Lorfqu'on débarque dans cette Ifle quelque matelot fcorbutique, on le couvre de fable, & il éprouve un foulagement très-prompt. Quoique je me portaffe bien, je me tins quelque temps les jambes dans cette efpece de bain fec, & j'eprouvai pendant plufieurs jours, une agitation extraordinaire dans mon sang ; je n'en scais pas trop la raison. Je crois cependant que ce sable n'étant formé que de parties calcaires, il aspire sur la peau où il s'attache, les humeurs internes : à-peu-près comme ces pierres absorbantes que l'on pose sur les piquûres des bêtes venimeuses, en tirent le venin. il seroit à souhaiter que quelque habile Médecin essayât sur d'autres maladies, un remede que le seul instinct a appris aux matelots scorbutiques.

Nous passâmes encore cette nuit à terre. A dix heures du soir je fus me baigner dans une petite anse, qui est entre la grande & le débarquement. Elle est entourée d'une chaîne de rochers en demi-cercle. Au fond de cette anse, le sable est élevé de plus de quinze pieds, & va en pente jusqu'à la mer. A l'entrée il y a plusieurs bancs de rochers à fleur d'eau. La mer qui étoit fort agitée, s'y brisoit avec un bruit terrible, & venoit se développer bien avant dans la petite Baye.

Je me tenois accroché aux angles des rochers, & les vagues en roulant venoient me passer quelquefois jusques sur la tête.

Le 24 au matin, la barre se trouva très grosse. La Digue mit son pavillon, & nous fit signal de départ. Il n'étoit plus possible à la chaloupe de mettre à terre au lieu ordinaire du débarquement. Elle fut prendre dans la Baye une douzaine de tortues qu'on avoit réservées, & revint ensuite mouiller un grapin à une demi-portée de fusil du lieu où nous étions. Les matelots les plus vigoureux se mirent tout nuds, & profitant de l'instant où la lame quittoit le rivage, ils portoient en courant les effets & les passagers.

J'avois fait remarquer à l'Officier qu'elle étoit suffisamment chargée. Il restoit vingt hommes à terre, il y en avoit autant dessus son bord. Il voulut épargner au canot un second voyage : on continua d'embarquer. Sur ces entrefaites, une lame monstrueuse soulevant la chaloupe, fit casser son grapin, & le jetta sur le sable. Huit ou dix hommes qui étoient dans l'eau jusqu'à la ceinture, penserent en être écrasés. Si elle étoit venue en travers, elle étoit perdue : heureusement elle s'échoua sur l'arriere. Deux ou trois vagues consécutives la mâterent presque debout, & dans ce mouvement, elle embarqua de son avant, une grande quantité d'eau : la frayeur prit à plusieurs passagers qui étoient dessus; ils se jetterent à la mer & penserent se noyer; enfin tous nos matelots réunis faisant effort tous à la fois, parvinrent à la remettre à flot.

Le canot revint quelque temps après embarquer ce qui étoit resté; peu s'en fallut que le même accident ne lui arrivât.

Si ce double malheur fût survenu, nous eussions été fort à plaindre. Le vaisseau eût continué sa route, & nous n'eussions trouvé ni eau ni bois dans cette Isle. On prétend cependant qu'il se trouve quelques flaques d'eau dans les rochers au pied de la montagne verte : on assure qu'il y a aussi des cabris fort maigres qui y vivent d'une espece de chiendent. On y avoit planté des cocotiers qui n'y ont pas réussi. Il est probable que ces cabris affamés en auront mangé les germes.

J'observai à l'Ascension que la partie du sud-est étoit toute formée de laves, & celle du nord-ouest de collines de cendres, d'où je conclus que les vents étoient au sud-est lorsque ce volcan sortit de la mer, & qu'ils souffloient lentement, sans quoi ils auroient dispersé les cendres de ces mornes, au lieu de les rassembler. J'en présumai aussi que le foyer des volcans n'étoit point allumé par les revolutions de l'atmosphere, & que les orages de la terre étoient indépendans de ceux de l'air.

Ils paroîtroient plutôt dépendre des eaux. De tous les volcans que je connois, il n'y en a pas un qui ne soit dans le voisinage de

Observation.

la mer, ou d'un grand lac. J'ai fait autrefois cette obfervation, en cherchant à expliquer leur caufe. Elle fut le réfultat de mon opinion, qui pourroit être bonne, puifque'elle eft confirmée par la nature.

J'ai trouvé fur les rochers de l'Afcenfion, l'efpece d'huître appellée la feuille. Le fable, comme je l'ai dit, n'eft formé que de débris de madrépores & de coquilles, dans lefquels je reconnus quelques petoncles, de petits buccins & le manteau ducal. Nous prîmes au pied des rochers, des requins & des bourfes de toutes les couleurs. Il y a auffi des carangues, & entr'autres des morenes, efpece de ferpens marins, qu'on dit être un excellent poiffon : fes arêtes font bleues.

Nous appareillâmes le même jour 24 Mars à cinq heures du foir. Nous vécûmes de tortues près d'un mois. On les conferva vivantes tout ce temps-là, en les mettant tantôt fur le ventre, tantôt fur le dos; & on les arrosoit d'eau de mer plusieurs fois par jour.

La chair de tortue est une bonne nourriture, mais on s'en lasse bien vîte. Cette chair est toujours dure, & les œufs sont d'un goût très-médiocre.

Nous repassâmes la Ligne avec des calmes & quelques orages. Les courans portoient sensiblement au nord : plus d'une fois ils nous firent faire sans vent, dix lieues en vingt-quatre heures. Le 28 Avril nous vîmes une éclipse de lune, dont le milieu à onze heures de nuit; nous étions par le 32 dégré de latitude nord. Nous éprouvâmes à cette hauteur, plusieurs jours de calme. On prétend que ces calmes sont comme autant de limites entre différens règnes de vents. Depuis le 28 dégré nord jusqu'au 32, nous trouvâmes la mer couverte d'une plante marine, appellée grappe de raisin. Elles étoient remplies de petits crables & de frai de poisson. C'est peut-être un moyen dont la nature se sert pour peupler les rivages des Isles d'animaux, qui ne pourroient s'y transporter autrement; les poissons des côtes ne se rencontrent jamais en pleine mer.

Nous avions vu avec une grande joie, l'étoile polaire reparoître sur l'horison; & chaque nuit nous la voyions s'élever avec un nouveau plaisir. Cette vûe me rendoit les promenades de nuit très-agréables. Un soir à dix heures, comme je me promenois sur le gaillard d'arriere, je vis le Contre-Maître parler avec beaucoup d'agitation à l'Officier de quart. Celui-ci fit allumer une lanterne, & le suivit sur le gaillard d'avant. Je m'y acheminai comme eux. Nous ne fûmes pas peu étonnés de voir sortir de l'écoutille un torrent de fumée noire & épaisse. Les matelots de quart étoient couchés tranquillement sur une voile en avant du mât de misaine, & quand on les eut appellés ils furent saisis de frayeur. Les plus hardis descendirent par l'écoutille avec la lanterne, en criant que nous étions perdus. Nous nous occupâmes à chercher des sceaux de tous côtés, mais nous n'en trouvâmes pas un seul. Les uns vouloient sonner la cloche pour appeller tout le monde, d'autres vouloient faire jouer la pompe de l'avant pour en porter l'eau à tout hazard dans l'entrepont.

Nous étions tous rangés la tête baissée autour de l'écoutille, en attendant notre arrêt. La fumée redoubloit, & nous vîmes même briller de la flamme. Dans le moment une voix sortit de cet abîme, & nous dit que c'étoit le feu qui avoit pris à du bois qu'on avoit mis sécher dans le four. Cet instant d'inquiétude nous parut un siècle. Triste condition des marins ! Au milieu du plus beau temps, dans la sécurité la plus parfaite, au moment de revoir la patrie, un misérable accident pouvoit nous faire périr du genre de mort le plus effroyable.

Le 16 Mai on exerça les matelots à tirer au blanc, sur une bouteille suspendue à l'extrémité de la grande vergue : on essaya les canons ; nous en avions cinq. Cet exercice militaire se faisoit dans la crainte d'être attaqué par les Saltins. Heureusement nous n'en vîmes point. Nous avions de si mauvais fusils, qu'à la premiere décharge, l'un d'eux creva près de moi, dans la main d'un matelot, & le blessa dangereusement.

Le 17, j'apperçus en plein midi, sur la mer, une longue bande verdâtre dirigée nord & sud. Elle étoit immobile : elle avoit près d'une demi-lieue de longueur. Le vaisseau passa à son extrémité sud. La mer n'y étoit point houleuse. J'appellai le Capitaine, qui jugea, ainsi que ses Officiers, que c'étoit un haut-fond : il n'est pas marqué sur les cartes. Nous étions par la hauteur des Açores.

Le 20 Mai nous trouvâmes un vaisseau Anglois allant en Amérique : il nous apprit que nous étions par les 23 dégrés de longitude, ce qui nous mettoit 140 lieues plus à l'oueſt que nous ne croyions.

Le 22 Mai par les 46 dégrés 45 minutes de latitude nord, nous crumes voir un reſcif où la mer briſoit. Comme il faiſoit calme, on mit le canot à la mer. C'étoit un banc d'écume formé par des lits de marée. Deux heures après nous trouvâmes un mât de hune garni de tous ſes agrès. On crut le reconnoître pour appartenir à un vaiſſeau Anglois, que la tempête avoit obligé de couper ſes mâts. Nous l'embarquâmes avec plaiſir : car nous manquions de bois à brûler, & qui pis eſt, de vivres. Depuis huit jours on ne faiſoit plus qu'un repas en vingt-quatre heures.

Pendant pluſieurs jours le Ciel fut couvert à midi, de ſorte que nous ignorions notre latitude. Le 28 il s'éleva un très-gros temps. Le vaiſſeau tint la cape ſous ſes baſſes voiles. A onze heures du matin nous apperçûmes un petit navire devant nous. Nous gouvernâmes fur lui, & nous le rangeâmes fous le vent. Il y avoit fur fon bord, fept hommes qui pompoient de toutes leurs forces. L'eau fortoit de tous les dallots de fon pont. Nous roulions l'un & l'autre panne fur panne ; & dans quelques arivées, les lames penferent le jetter fur nos liffes. Le patron en bonnet rouge nous cria dans fon porte-voix, qu'il étoit parti de Bordeaux depuis vingt-quatre heures, qu'il alloit en Irlande, & il fe hâta de s'éloigner. On jugea que c'étoit un contrebandier, la coutume étant fur mer comme fur terre, d'avoir mauvaife opinion des gens qui font en mauvais ordre.

Vers une heure après midi le vent s'appaifa ; les nuages fe partagerent en deux longues bandes, & le foleil parut. On appareilla toutes les voiles ; on plaça des matelots en fentinelle fur les barres du perroquet, & on mit le Cap au nord-eft

pour

pour tâcher d'avoir connoissance de terre avant le soir.

A quatre heures nous vîmes un petit chasse-marée ; on le questionna ; il ne put rien nous répondre : le mauvais temps l'avoit mis hors de route. A cinq heures on cria, *terre, terre*, à *bas-bord* : nous courûmes aussitôt sur le gaillard d'avant. Quelques-uns grimperent dans les hauts-bancs. Nous vîmes distinctement à l'horison, des rochers qui blanchissoient : on assura que c'étoient les rochers de Penmare. Nous mîmes le soir en travers, & nous fîmes des bords toute la nuit. Au point du jour nous apperçûmes la côte à trois lieues devant nous : mais personne ne la reconnoissoit. Il faisoit calme : nous brûlions d'impatience d'arriver. Enfin on apperçut une chaloupe : nous la hélâmes ; on nous répondit : c'est un pilote. Quelle joie d'entendre une voix Françoise sortir de la mer ! Chacun s'empressoit sur les lisses ; à voir monter le pilote à bord. Bon jour mon ami, lui dit le Capitaine; quelle est cette terre? *C'est Belle-Isle, mon ami,* répondit ce bon-homme. Auront-nous du vent? *S'il plaît à Dieu, mon ami.*

Il avoit de gros pain de seigle, que nous mangeâmes de grand appétit, parce qu'il avoit été cuit en France.

Le calme dura tout le jour; vers le soir le vent fraîchit. L'Équipage passa la nuit sur le pont: on fit petites voiles. Le matin nous longeâmes l'Isle de Grois, & nous vînmes au mouillage.

Les Commis des Fermes, suivant l'usage, monterent sur le vaisseau; après quoi, une infinité de barques de pêcheurs nous aborderent: on acheta du poisson frais: on se hâta de préparer un dernier repas; mais on se levoit, on se rasseyoit, on ne mangeoit point, nous ne pouvions nous lasser d'admirer la terre de France.

Je voulois débarquer avec mon Équipage; on appelloit en vain les matelots; ils ne répondoient plus. Ils avoient mis leurs beaux habits : ils étoient saisis d'une joie muette; ils ne disoient mot : quelques-uns parloient tout seuls.

Je pris mon parti; j'entrai dans la chambre du Capitaine pour lui dire adieu. Il me serra la main, & me dit, les larmes aux yeux : j'écris à ma mere. De tous côtés je ne voyois que des gens émus. J'appellai un pêcheur, & je descendis dans sa barque. En mettant pied à terre, je remerciai Dieu de m'avoir enfin rendu à une vie naturelle.

EXPLICATION
DE QUELQUES TERMES DE MARINE,

A l'ufage des Lecteurs qui ne font pas Marins.

J'AI joint à l'explication de quelques termes nautiques, employés dans ce Journal, des étymologies qui ne font point fçavantes, mais conformes à l'efprit du peuple. Par-tout c'eft le peuple qui donne le nom aux chofes, & il les prend ordinairement de la partie la plus néceffaire de chaque objet ; ainfi le bord d'un vaiffeau étant fa partie principale, puifqu'on n'eft féparé de la mer que par un *bord*, les marins difent aller à bord, être fur le *bord* pour dire aller, ou être fur le *vaiffeau*.

Ne dit-on pas *la maifon de Bourbon* eft très-ancienne ? Comme la maifon renferme la famille, le peuple a tranfporté ce nom, à ceux qui l'habitent, à leurs ancêtres, & à leur postérité. Remarquez bien qu'il n'emploie que le nom de choses qui sont à son propre usage. Pour désigner *la famille Royale*, il ne dit pas l'Hôtel, le Château, ou le Palais de Bourbon, parce qu'il n'habite lui-même que dans des maisons.

Les Arabes qui demeurerent fort long-temps sous des tentes, trouverent en se fixant dans des maisons que la *porte* en étoit la partie la plus essentielle : c'étoit aussi pour ce peuple errant, le lieu le plus agréable de ce logement; on sortoit par-là quand on vouloit. Ils ne donnerent point le nom de *maison* à la famille de leurs Souverains, mais celui de *porte* Ottomane.

Je crois les étymologies d'autant plus vraies, qu'elles sont plus simples. J'en dois quelques-unes au Chevalier Grenier, mon ami, Officier de mérite de la maison du Roi : je lui fais hommage des meilleures ; je prends les autres pour mon compte.

A

Amarrer. Lier, attacher. Il est probable que les premiers marins attachoient ce qui étoit susceptible de mouvement autour du *mât*. Ulysse qui craignoit beaucoup les Sirenes, se fit attacher au mât. On *l'amarra*.

Amurrer une voile. Attacher la voile contre le bord, qui est aussi le *mur* du vaisseau.

Appareiller. Partir, s'en aller. Cette manœuvre se fait avec beaucoup de préparatif ou *d'appareil*. Tout l'Équipage est sur le pont. On leve l'ancre, on déferle les voiles, on hisse les huniers : tout le monde est en mouvement.

Ariver au vent. Lorsqu'un vaisseau reçoit le vent de côté dans ses voiles, s'il survient un orage imprévu, il obéit pour quelque temps à l'effort du vent, & lui présente sa poupe. Il reçoit alors le vent par son arriere. Il se trouve par cette manœuvre dans la direction qui lui est propre. *Ariver* signifie ici céder & se remettre dans son lieu naturel. Ce mot n'a point de relation avec dériver. Souvent un vaisseau dérive en *arivant*.

Arimage. Distribution des marchandises dans la calle, faite de maniere que rien ne se dérange dans les roulis.

Artimon. mât près du *timon* : il fait venir au vent.

Aumonier. Ecclésiastique qui fait les prieres & dit la messe. J'imagine que nos ancêtres étoient fort charitables. Dans leurs courses de guerre, & quelquefois de brigandage, ils menoient avec eux un Ecclésiastique chargé de faire les *aumônes*. Les vaisseaux ont aussi des *Aumôniers*, quoiqu'il n'y ait point de mendiants sur leur chemin.

B

Bord a été expliqué. On fait des *bords* ou on louvoye lorfqu'on préfente alternativement un des bords du vaiffeau au vent : fa route eft alors en zigzag ; cette manœuvre ne fe fait que quand le vent eft contraire.

Bas-bord. C'eft le bord gauche du vaiffeau lorfqu'on eft tourné vers l'avant. *Tribord* ou *ftribord* eft le côté droit.

Bau ou *beau.* Un vaiffeau a différentes largeurs. Elles fe mefurent entre les couples, qui font des courbes dont la carene eft formée. Ces pieces font rares, & les premiers Charpentiers ont pu les trouver fort *belles.* Ils ont pu appeller *beaux* les efpaces compris d'une courbe à l'autre. Le dernier de ces efpaces eft fur l'avant.

Voilà une étymologie comme celle de la Beauce. Gargantua qui la trouva belle s'écria, beau-ce : Gargantua peut fort bien être une allégorie du peuple.

Beau-pré ou *près du beau*. C'eſt un mât incliné ſur l'avant, au-delà & près du dernier *beau*. C'eſt par la même raiſon qu'aux Iſles les Charpentiers appellent *ben-join* un arbre aſſez commun, dont le *bois joint bien*.

Beauſoir ou *boſſoir*. Piece de bois qu'on poſe ou qu'on *aſſeoit* ſur le dernier *bau*: c'eſt-là ou s'attachent les ancres.

Banc-de-quart. C'eſt un *banc* où s'aſſied l'Officier qui commande le *quart*.

Berne, (Pavillon en). C'eſt un pavillon qui n'eſt plus flottant, & qui n'eſt plus en quelque ſorte dans ſes honneurs. On l'élève à la moitié de ſon mât ſans le déployer: ce ſignal ne ſe fait guères que dans les dangers.

Bout dehors. C'eſt un *bout* de mât ou de vergue qu'on met *dehors* à l'extrémité d'une autre vergue.

Bras. Ce ſont des cordages qui ſervent à faire mouvoir les vergues à droite ou à gauche. Ce font en quelque forte les bras de l'équipage, qui n'y fçauroit autrement atteindre.

Braffe. Diftance comprife entre les *bras* étendus d'un homme. Sur mer elle eft fixée à cinq pieds. Je crois avoir obfervé que les matelots ont les bras plus longs & les épaules plus groffes que les autres hommes. Ils exercent plus leurs bras que leurs jambes.

C.

Caille-botis. Ce font des panneaux de treillage à carreaux vuides. On en ferme l'efpace compris entre les gaillards, ce qui forme une efpece de pont, fous lequel l'air circule. Dans les gros tems on le couvre de toiles gaudronnées, appellés *prélats*. Cette conftruction eft ingénieufe, & il feroit peut-être poffible de former ainfi tous les ponts du vaiffeau; ce qui donneroit une libre circulation d'air jufques dans la calle.

On appelle *Caille-bote*, en Normandie, le lait *caillé* & *battu* qui forme une espece de rezeau. On appelle aussi *caille-boté* ou pommelé ces espaces blancs & bleus qui paroissent au Ciel lorsqu'il se dispose à changer.

Calle est la partie inférieure du creux d'un vaisseau. C'est le lieu où l'on met les marchandises. On dit d'un vaisseau qu'il est bien *callé*, lorsque sa charge est bien distribuée dans sa calle. Pour l'ordinaire on met au fond les poids les plus lourds; mais s'il y a une quantité considérable de fer ou de plomb, les mouvemens du vaisseau sont trop durs & l'exposent à rompre sa mâture. Il y a encore beaucoup de précautions à prendre pour l'arimage. Le Marquis de Castries étoit fort mal *callé*.

Cap, (avoir le). Ce mot vient du Portugais *il çapo*, la tête. Mettre *le cap* au nord, c'est tourner la proue du vaisseau, ou *sa tête* vers le nord.

Cape, (tenir la). Dans les gros tems,

lorsque le vent est contraire, on ne porte que peu de voiles : ordinairement c'est la misaine. On dirige *le cap* du vaisseau le plus près du vent qu'il est possible. Le vaisseau fatigue beaucoup dans cette position.

Carguer. C'est reployer les voiles, sans les lier, le long des vergues : ce qui se fait au moyen des cargue-fonds, qui sont des cordes qui retroussent la grande voile à-peu-près comme les rideaux d'un dais. Un Marin qui verroit lever la toile à l'Opéra diroit qu'on l'a carguée.

Civadiere, est la voile attachée au beaupré.

Coeffé (être): lorsque les vents sautent tout-à-coup de la poupe à la proue, les voiles sont repoussées contre les mâts, qui en sont pour ainsi-dire coeffés : quelquefois on ne peut les descendre ni les manier. Un vaisseau alors est heureux d'en être quitte pour sa mâture, si le vent est fort.

Courant, quoique la mer reſſemble à un grand étang, elle eſt remplie de courans particuliers. Nous avons peu d'obſervations ſur cet objet, un des plus eſſentiels de la navigation. J'en ai vu de fort intéreſſantes ſur les mers de l'Inde, faites par le Chevalier Grenier.

D.

Déferler les voiles. Les déployer.

Dégré, eſt la trois-cent-ſoixantieme partie d'un cercle. Sous l'équateur chaque dégré eſt de vingt lieues marines, ou de vingt-cinq lieues de France; mais comme les cercles deviennent plus petits en s'approchant du pole, les dégrés diminuent à proportion. Les dégrés de longitude ſont nuls ſous le pole. Il eſt très-probable qu'il y a auſſi une grande différence entre les dégrés de latitude, ſur-tout ſi la terre eſt fort applatie aux poles.

Dériver. Lorſqu'un vaiſſeau reçoit le vent de côté, il s'écarte ſans ceſſe de la ligne droite fur laquelle il dirige fa route. Je ne connois point de moyen sûr d'évaluer la dérive. Les Pilotes y font fouvent embarraffés : à la fin du voyage ils rejettent leurs erreurs fur les courants.

Dunette. Efpece de tente d'une charpente légere fur l'arriere du vaiffeau.

E.

Écoute. Ce font des ouvertures obliques au bord du vaiffeau, par où paffent les cordes des voiles inférieures. Ces ouvertures reffemblent à celles qu'on pratique au mur des parloirs dans les Couvents, *pour écouter*. Comme il y a dans la marine beaucoup de termes Portugais, il n'eft pas étonnant qu'il s'y trouve des expreffions monaftiques.

Écoutilles. Sont de grandes ouvertures femblables à des trapes, au milieu des ponts du vaiffeau. C'eft par ces portes horifontales qu'on defcend dans les calles.

Entre-pont. Dans les premiers vaisseaux on fit les calles couvertes d'un seul plancher, qu'on appella un pont. Les matelots logeoient dans la calle sous ce pont. Quand on fit de plus grands bâtimens, on trouva plus commode de séparer l'équipage des marchandises en leur ménageant un logement *entre* le *pont* & la calle.

Espontille. Petits pilastres de bois qui supportent les ponts.

Est. Le nom d'un des quatres vents principaux. C'est l'orient. On prétend que *est* signifie le voilà, en parlant du Soleil. *Sud* propter *sudorem*, parce qu'à midi le soleil est chaud. *Ou-est. Où est-il?* parce qu'il disparoît au couchant.

F.

Fasayer. Lorsque le vent, au lieu d'enfler la voile, la prend par le côté & l'agite en différens sens, on dit qu'elle fasaye ; il vient peut-être de *phase*, révolution.

Focqs. Voiles triangulaires difposées entre les mâts : elles ne fervent que quand le vent fouffle de côté. Leur nom pourroit bien venir de *focus* foyer, foit parce que quelques-unes font au-deffus des cuifines, foit parce que, leur plan étant dans l'axe du vaiffeau, elles fe trouvent dans les foyers de fes courbes. Au refte *coq*, cuifinier des matelots, vient évidemment de *coquus*, & nos Traiteurs portent le titre de Maîtres-Queux.

G.

Galerie. Efpece de balcon placé fur l'arriere des grands vaiffeaux. C'eft à la fois un ornement & une commodité. Il vient du vieux mot *gala*, *fe galer*, fe réjouir.

Gaillards. Ce font les extrémités du pont fupérieur. Celui de l'arriere s'étend jufqu'au grand mât : celui de l'avant commence au mât de mifaine & va jufqu'à la proue. C'eft où fe raffemble l'équipage pour fe

promener

promener & se réjouir. Il peut avoir la même origine que *galerie*. Le gaillard d'arriere est réservé aux seuls Officiers & passagers, qui n'en sont pas plus gais.

Garants. Sont des cordages qu'on passe, dans le gros tems, à la barre du gouvernail, pour l'assurer davantage, ou la *garantir*

Grains. Sont de petits orages de peu de durée. Ce sont en quelque sorte des *grains*, ou des parcelles de mauvais temps.

Grapins. Ancres des chaloupes. Celles du vaisseau n'ont que deux becs; celles-ci en ont quatre, ce qui leur donne la forme d'une *grappe*. Le poids des grosses ancres ne permet pas de leur donner quatre branches. D'ailleurs, par leur forme elles pourroient s'accrocher au bord. Je crois qu'il seroit possible d'en faire à trois becs, qui n'auroient pas cette incommodité, & qui auroient toujours l'avantage

II Part. K

d'enfoncer à la fois deux de leurs becs dans le fond.

H

Hautsbans. Échelles de corde, qui assurent les mâts, & par où grimpent les matelots.

Hauteur (Prendre). A midi avec des quarts de cercles, ou plutôt des huitiemes appellés octans, on voit à quelle hauteur le soleil est sur l'horison. C'est par-là que l'on trouve la latitude.

Hauts-fonas. Ce sont les fonds élevés, qui sont couverts de peu d'eau. La mer dans ces endroits change de couleur, & les vagues aux environs sont plus fortes.

Hisser. Élever en l'air quelque fardeau au moyen des poulies. Ce nom vient du bruit même de la manœuvre. On ne doit pas me chicaner celui-là. Les Latins appelloient *hiatus* le choc de deux voyelles.

Hune (Mât de). Il y a, comme on sçait,

trois mâts fur les grands vaiſſeaux : le grand mât qui eſt à-peu-près au milieu : le mât d'artimon qui eſt fur l'arriere, & le mât de miſaine qui eſt fur l'avant. On ne compte pas le beau-pré, qui eſt incliné & qui n'eſt pas *mâté*, c'eſt-à-dire, perpendiculaire. Le mât de pavillon ne porte pas de voile.

Les mâts ont une très-grande élevation. Il n'eſt pas poſſible de trouver des pieces de bois d'une longueur ſuffiſante, ſurtout pour le grand mât & le mât de miſaine, qui ont quelquefois plus de cent-trente pieds d'élévation : on les fait à trois étages. Dans le mât du milieu, l'arbre inférieur s'appelle le grand mât ; le ſupérieur, grand mât de hune ; le troiſieme & le plus élevé, grand mât de perroquet. Aux endroits où ils ſont attachés, il y a un eſpace autour en forme ronde, appellée hune. Les huniers ſont les voiles des mâts de hune.

I

Iole. Petite chaloupe fort légere & jolie.

Ce nom-là pourroit fort bien venir du Grec. Je n'en ferois pas fâché pour l'honneur de notre marine. C'eſt la ſeule ſcience qui ait emprunté ſes termes des Barbares du nord ou des Portugais. Si quelque ſçavant veut ſe donner la peine de rechercher cette origine, je le prie de faire attention que Hercule fût un des premiers marins, & que ſon ami Iolas étoit avec lui.

L

Latitude. On ſçait que la latitude d'un lieu, eſt ſa diſtance à l'équateur, & ſa longitude, ſa diſtance au premier méridien. Autrefois on commençoit à les compter du pic de Teneriffe; aujourd'hui chaque Nation maritime fait paſſer ſon premier méridien par ſa Capitale. Il eſt bon d'y faire attention quand on voit des cartes ou des relations étrangeres.

Ligne. Il y a des gens ſimples qui croient qu'on voit la Ligne au Ciel : quelquefois de mauvais plaisans s'amusent sur le vaisseau à la leur faire voir dans une lunette où ils mettent un fil. Il y a aussi des marins qui ne sçavent pas ce que c'est que l'équateur, & qui ne connoissent la Ligne, que parce qu'elle est marquée d'un trait bien noir sur leurs cartes.

Lisses. Sont des barrieres le long des passavants. Ce terme est pris des tournois. Les Chevaliers entroient & sortoient des lisses. Il me semble que le nom de garde-fous conviendroit mieux à des vaisseaux.

Louvoyer. Ce mot peut venir de *voye* & de *loup.* Les loups s'approchent de leur proye en se tenant sous le vent, & en s'avançant eu zigzag. Voyez *bord.*

M

Mât. Voyez hune.

Matelots vient de *mât*; & du vieux mot *ost*, troupe, *l'ost du mât.* On disoit l'ost des Grecs, pour l'armée des Grecs.

Marquis de Castries. Ce n'est point un nom de marine, mais celui d'un Officier très-respectable : c'étoit aussi le nom de notre vaisseau.

Le bon Plutarque dit que les Grecs appelloient leurs vaisseaux, l'heureuse prévoyance, la double sûreté, la bonne navigation. On peut voir à ces noms, qu'ils n'étoient pas grands marins : ils avoient peur.

Les Portugais & les Espagnols ont beaucoup de Saint-Antoine de Pade, de Saint-François, & .... ils sont dévots.

Les Anglois navigent sur le Northumberland, sur le Devonshire, sur la Ville de Londres, & les Hollandois ont beaucoup de Batavia, d'Amsterdam : ce sont des noms de ville ou de province ; ils sont républicains.

J'ai vu des vaisseaux du Roi qui s'appelloient la Boudeuse, l'Heure du Berger, la Brune & la Blonde & ... A la bonne-heure ; ces noms là valent bien ceux de Flore ou de Galathée ; mais pourquoi prendre pour des noms de guerre, l'Hector, le Spinx ou l'Hercule ? N'avons-nous pas le Turenne, le Condé, le Richelieu, le Sulli &c... pourquoi ne formons-nous pas des escadres de nos Grands-Hommes ? Il me semble que des noms chers à la Nation, en redoubleroient le courage.

On pourroit nommer nos Frégates du nom de nos Dames célèbres, par leur beauté ou par leur esprit. J'aimerois mieux la Marquise de Sévigné, de Brionne, ou la Comtesse d'Egmont, que Thétis & toutes ses Néréides.

Mouiller. Jetter l'ancre à la mer. On dit aussi *mouiller* l'ancre.

Misaine (Voile de). C'est la plus utile dans les gros temps : elle agit à l'extrémité du vaisseau, & le fait obéir promptement à l'action du gouvernail.

P.

Panne (Mettre en). Lorsqu'un vaisseau veut s'arrêter sans mouiller son ancre, il cargue ses basses voiles ; il dispose les voiles de l'avant, de maniere que le vent les coeffe contre le mât, tandis qu'il enfle celles de l'arriere. Dans cette situation le vent fait sur la voilure deux efforts contraires qui se compensent. Le vaisseau reste comme immobile.

Perroquet est la voile supérieure aux huniers. De loin cette petite voile, surmontée de la girouette, a quelque ressemblance avec cet oiseau.

Perruche est une voile placée au-dessus du Perroquet. Il n'y a que les grands vaisseau qui en fassent usage. Ces deux petites voilures sont d'une médiocre utilité. Elles sont à l'extrémité d'un trop grand levier, & leur effort ne sert guère qu'à faire ployer le mât en avant : il vaudroit mieux augmenter la largeur des voiles, que leur élevation.

Plat-bord. C'est la partie du pont qui avoisine le bord. Le bord du vaisseau est en quelque sorte perpendiculaire. Le pont,

A L'ISLE DE FRANCE. 153

qui dans un sens est aussi un *bord*, est dans une situation horisontale ou à *plat*.

Plus-près (Être au). Lorsque le vent vient du point même où le vaisseau veut aller, on dispose la voilure de maniere à s'approcher du vent le *plus près* qu'on peut.

Pont. C'est le plancher du vaisseau : il est un peu convexe, pour l'écoulement de l'eau. Un vaisseau à trois ponts, est celui dont le creux est divisé en trois étages.

Q

Quarts. On devroit plutôt dire des *quints*. Sur mer on divise le jour de vingt-quatre heures en cinq portions, appellés *quarts*. Le premier commence depuis midi jusqu'à six heures. Le second, depuis six heures jusqu'à minuit. Les trois derniers quarts sont formés des douze heures qui restent, & chacun d'eux est de quatre heures. L'Équipage, partagé en deux brigades, veille & se releve alternativément.

R

Rescifs. Sont des rochers à fleur d'eau, où la mer brise, & où les vaisseaux se mettent en pieces quand ils y échouent. Ce mot peut venir du Latin *rescindere*, couper, trancher. Il y a des *rescifs* sur la côte de Bretagne, qu'on appelle les charpentiers.

Ris. On devroit dire des *rides*. On prend des *ris* dans le hunier, lorsqu'on ride une partie de cette voile sur sa vergue, quand la violence du vent ne permet pas de l'exposer toute entiere.

Roulis. Balancement d'un vaisseau sur sa largeur. Le *tangage* est son balancement sur sa longueur. Un vaisseau *roule* vent arriere; il *tangue* au plus près. Le premier mouvement est moins dangereux:

le second fatigue beaucoup la quille &
la *mâture*.

S

Sabords. Sont des ouvertures par où
paſſent les canons. Ce mot peut venir de
ſas & de *bord*, trous ou pertuis au bord.
En quelques endroits on appelle *ſas*, un
crible : on dit faſſer la farine.

Sainte-Barbe. C'eſt le nom de la patrone, & du lieu où l'on met les poudres. C'étoit une martyre qui fut renfermée dans le ſouterrain d'une tour. Comme
nous y logeons auſſi nos poudres, nos Canoniers les ont miſes ſous ſa protection.
Ils la repréſentent aux genoux de ſon pere
armé d'un grand ſabre, dont il va lui
couper la tête, au pied d'une tour dont
la plate-forme eſt couverte d'artillerie. Ce
fait, que l'on rapporte, je crois, au temps de
Dioclétien, eſt contredit par la nature, &
ces tableaux par le coſtume.

T

Tangage. Voyez *roulis.*
Tribord. Voyez *bas-bord.*

V

Vent (Venir au). Lorsqu'un vaisseau a trop de voilure sur l'ariére, sa proue vient dans le vent. Les voiles du mât d'artimon contribuent beaucoup à ce mouvement.

Vergue, de *virga* verge ou branche. Les vergues du mât sont comme les branches d'un arbre.

Virer. Tourner. On vire le cable; on vire de bord. Comme ces manœuvres emploient beaucoup d'efforts, il y a apparence que *virer* vient de *vis*, force, dont on a fait aussi *vir* un homme.

Je ne garantis aucune de ces étymologies; mais elles ont cela de commode, qu'en rapprochant le nom des choses, de leurs usages, elles les expliquent; & c'étoit ce que je m'étois proposé.

ENTRETIENS
SUR LES ARBRES, LES FLEURS ET LES FRUITS.

DIALOGUE PREMIER.
DES ARBRES.

UNE DAME ET UN VOYAGEUR.

LA DAME.

Vous m'avez donné, Monsieur, des curiosités fort rares. Comment appellez-vous ces jolis arbres de pierre qui ont des racines, des tiges, des masses de feuilles, & même des fleurs couleur de pêcher, dites-vous ? S'ils étoient verds, on les prendroit pour des plantes de nos jardins.

Le Voyageur.

Madame, ce font des madrépores. Rien n'eſt ſi commun dans les mers des Indes. Preſque toutes les Iſles en ſont environnées. Ils croiſſent ſous l'eau & y forment des forêts de pluſieurs lieues. On y voit nager des poiſſons de toutes couleurs, comme les oiſeaux volent dans nos bois.

La Dame.

Ce doit être un ſpectacle charmant. Avez-vous apporté des fruits de ces arbres-là ?

Le Voyageur.

Ces plantes ne donnent point de fruits ; ce ne ſont point des végétaux : ils ſont l'ouvrage de petits animaux qui travaillent en ſociété.

La Dame.

Je ne m'en ferois jamais doutée.

Le Voyageur.

Il y a quelque chose de plus merveilleux. Vous voyez avec mes madrépores, des arbrisseaux qui ont de véritables feuilles, & dont les branches sont flexibles comme le bois : ce sont des lithophites. Ces lithophites & ces coraux sont également l'ouvrage de petits animaux marins.

La Dame.

Mais enfin, quelle preuve en a-t-on ?

Le Voyageur.

On les a vus avec de bons microscopes. La Chymie a fait sur eux quelques expériences toujours un peu douteuses, parce qu'elle ne raisonne que sur ce qu'elle détruit (*). Enfin, on a conclu que ces ou-

___

(*) Lorsque la Chymie décompose une pêche ou un melon, elle trouve le même résultat.

vrages si réguliers devoient appartenir à des êtres doués d'un esprit d'ordre & d'intelligence.

Après tout, de petits arbrisseaux ne sont pas plus difficiles à faire que les cellules de cire à six pans que maçonnent nos abeilles. On a disputé quelque temps ; à la fin tout le monde est resté d'accord.

LA DAME.

Si tout le monde le dit, il faut bien le croire.

Une plante venimeuse & une plante alimentaire, paroissent dans ses opérations, formées des mêmes élémens. Il est vrai qu'en brûlant des matieres animales, il s'en exhale une odeur alkaline, qui se retrouve dans la combustion des madrépores: mais nous avons des plantes végétales qui, même sans être détruites, ont le goût & l'odeur de la viande bouillie, de morue seche, &c. D'ailleurs, comment imaginer qu'il y ait une différence réelle entre les éléments du végétal & de l'animal, lorsqu'on voit un bœuf changer en sa substance l'herbe d'un pré ?

A L'ISLE DE FRANCE. 161
le croire. Je ne ferai pas feule d'un avis contraire.

LE VOYAGEUR.

Ah! fi j'ofois, j'aurois quelque chofe de bien plus difficile à vous faire croire.

LA DAME.

Ofez, Monfieur. Il y a tant de chofes incompréhenfibles où il faut s'en rapporter à l'opinion publique!

LE VOYAGEUR.

Malheureufement mon opinion eft à moi feul.

LA DAME.

Tant mieux; j'aurai le plaifir de la combattre. Quand nous paroiffons dans le monde notre catéchifme eft tout fait. Les hommes nous ont prefcrit ce que nous devions penfer, defirer, & faire. J'aime à rencontrer des gens qui ne font pas de

II. Part. L

l'avis des autres : on a le plaifir de détruire une erreur, ou d'adopter une vérité nouvelle. Voyons votre héréfie.

Le Voyageur.

Madame, je crois que les fleurs de votre parterre, & les arbres de votre parc font habités.

La Dame.

Vous croyez aux Hamadryades ? Vraiment votre fyftème eft renouvellé des Grecs. Je fuis fâchée qu'on ait quitté leur philofophie ; elle étoit plus touchante que la nôtre. J'aimerois à croire que mes lauriers font autant de Daphnés.

Le Voyageur.

Les Anciens étoient peut-être auffi ignorans que nous; mais je ne fuis ni de leur avis ni de celui des modernes.

La Dame.

Quels sont donc les habitans de nos forêts ?

Le Voyageur.

Ceux qu'ils logeoient dans les plantes étoient presque tous des infortunés ou des étourdis. L'un avoit été tué au palet, l'autre étoit mort à force de s'aimer lui-même. Ils n'étoient pas plus heureux dans leur nouvelle condition. Un paysan coupoit bras & jambes aux sœurs de Phaéton, pour faire un mauvais fagot de peuplier. Mes habitans sont très-sages, très-ingénieux, & n'ont rien à risquer.

La Dame.

Je vous vois venir. Voilà une idée prise de vos arbres de mer. Mais, Monsieur, je vous avertis que je ne croirai point à vos animaux, que vous ne me les ayez fait voir occupés de leur travail.

Le Voyageur.

Madame, vous avez cru ce que je vous ai dit des madrépores, dont personne ne doute.

La Dame.

La chose n'intéresse personne. On s'embarrasse peu de ce qui se passe au fond de l'eau : mais des objets qui sont sous la main, dont tout le monde fait usage, sur lesquels on a une opinion reçue, sont bien différens. Faites-moi voir, & je croirai.

Le Voyageur

Si vous étiez sur le sommet d'une très-haute montagne, & que vous vissiez à vos pieds la ville de Paris, vous jugeriez que ses clochers, ses rues, ses places si régulieres, sont l'ouvrage des hommes quoique les habitans échappassent à votre vue?

LA DAME.

Oh! quand on fçait une fois qu'une Ville est l'ouvrage des hommes, la vue d'une autre Ville rappelle la même idée.

LE VOYAGEUR.

Eh bien! puifque nos plantes reſſemblent aux madrépores, leurs habitans ſe reſſemblent auſſi.

LA DAME.

Prouvez-moi qu'elles ſont habitées comme s'il n'y avoit pas de mer dans le monde. Les gens qui raiſonnent par analogie, ſont trop à craindre.

LE VOYAGEUR.

Vous m'avez invité au combat, & vous m'ôtez le choix des armes.

La Dame.

C'est qu'elles sont trop dangereuses entre les mains des hommes. Quand ils n'ont pas de bonnes raisons à nous donner, ils nous citent des autorités, des exemples, & finissent par nous persuader quelque sottise.

Le Voyageur.

Mes animaux sont si petits, qu'ils échappent à notre vue. Si j'avois un microscope, je vous ferois voir des animaux vivants, dans des feuilles : vous seriez persuadée tout d'un coup.

La Dame.

Oh ! non. J'en ai vu : j'ai vu même cette poussiere si fine qui couvre les aîles des papillons ; c'étoient de fort belles plumes. Il ne s'agit pas de prouver qu'il y a des animaux dans le suc des plantes, mais qu'elles font fabriquées par eux. Il faut prouver qu'un arbre n'eſt pas un aſſemblage ingénieux de pompes & de tuyaux, où la ſeve monte & deſcend. Vous m'obligez de me ſervir de toute ma ſcience.

Le Voyageur.

Madame, on a piqué dans vos prairies, des tronçons de ſaule, qui ont pouſſé des racines & des feuilles; ſi on y avoit planté une des pompes de Marly, croyez-vous qu'il y ſeroit venu une machine hydraulique?

La Dame.

Quelle folie! Chaque partie des arbres eſt une machine vivante & entiere, que l'humidité & la chaleur mettent en mouvement. C'eſt un ouvrage de la nature, bien ſupérieur aux nôtres.

Le Voyageur.

Toutes les machines de la nature ont

une organisation intérieure, qui ne les rend propres qu'à produire un certain effet, & par un endroit particulier. Par exemple: on voit dans l'oreille un tympan élastique & concave, propre à rendre les sons, & dans l'œil des membranes transparentes & convexes, qui rassemblent les rayons de lumieres sur la retine. L'œil est évidemment construit pour voir, & l'oreille pour entendre. Jamais un aveugle ne verra par son ouie, & un sourd n'entendra par sa vue.

La Dame.

Vous vous donnez bien de la peine pour prouver ce qui est évident.

Le Voyageur.

Si donc un arbre est une machine, il doit avoir un lieu destiné à donner des feuilles, & un autre pour les racines. Les premieres viendront toujours à une extrémité, & les chevelus de la racine, à l'autre.

La Dame.

Il faut que je vous aide. Vous pouvez ajoûter qu'un bourgeon de feuilles ne donne point de fruit : je ſcais très-bien les connoître.

Le Voyageur.

Eh bien ! Madame, ſi vous faites replanter vos ſaules la tête en bas, leurs racines donneront des feuilles.

La Dame.

J'imagine, Monſieur, que vous ne ſeriez pas aſſez hardi pour me citer des faits douteux.

Le Voyageur.

Celui-ci eſt très-certain. Croyez-vous que ſi on renverſoit la Samaritaine dans la riviere, il monteroit beaucoup d'eau dans ſon réſervoir ?

La Dame.

Je n'ai rien à dire : on ne s'attend pas à une expérience folle... Mais peut-être chaque partie change d'usage en changeant de position.

Le Voyageur.

Toutes ces loix composées & variables ne ressemblent point à celles de la nature: elles sont simples & constantes. Dans toutes les machines que l'homme a examinées, chaque partie a son effet, qu'on ne peut changer en un autre. Qu'un animal reste couché toute la vie, il ne lui viendra point de pattes sur le dos.

La Dame.

Si le fait du saule renversé est vrai, comment l'expliquez-vous? Voyons votre système : après tout, j'aime mieux l'attaquer que de défendre le mien. La défense n'eſt pas aiſée, & les hommes nous chargent toujours du rôle le plus difficile.

LE VOYAGEUR.

Je penſe, Madame, qu'un arbre eſt une république. Lorſqu'on a planté le long de ce ruiſſeau des branches de ſaule, les petits animaux qui y étoient remfermés ſe ſont portés au plus preſſé. On a laiſſé tous les acceſſoires. Les feuilles ont été abandonnées & ſont tombées. Les uns ſe ſont occupés à clore la breche qu'on avoit faite à leur habitation, en la fermant par un bourrelet. Les autres ont pouſſé en terre des galeries ſouterraines, pour chercher des vivres & des matériaux propre à la communauté. S'ils ont rencontré un rocher, ils ſe ſont détournés, ou ils l'ont environné de leur ouvrage, pour en faire un point d'appui. Dans quelques eſpeces comme ceux du chêne, ils ont coutume d'enfoncer un long pivot qui ſoutient toute l'habitation. Chaque nation a ſa maniere.

L'une bâtit fur pilotis, comme les Vénitiens; l'autre fur la furface de la terre, comme les Sauvages élèvent leurs cabannes.

Quand le défordre a été réparé, on a cherché à multiplier les vivres. Il paroît que chez ces petits républicains, la population eft fort prompte, parce que la fubfiftance eft fort aifée. Ils vivent d'huiles & de fels volatils, dont l'air & la terre font remplis. Pour faifir ceux qui font dans l'air, ils ont imaginé de faire ce que font les matelots fur les vaiffeaux où ils manquent d'eau douce; quand il pleut ils étendent des voiles : de même ils fe font empreffés à déployer les feuilles comme autant de furfaces. Pour empêcher le vent d'emporter leurs tentes, ils les ont attachées fur un feul point d'appui, à l'extrémité d'une queue fouple & élaftique, ce qui eft très-bien imaginé.

Les uns montent par le tronc avec des gouttes de liqueur, les autres redefcendent par l'écorce avec les alimens fuperflus. Vous jugez bien que si on renverse leur ouvrage comme dans l'expérience du saule, mes architectes ne perdront pas la tête : c'est comme si vous renversiez une ruche.

La Dame.

On pourroit expliquer cela par une fève qui monte & descend d'elle-même, & qui prend dans les conduits de l'arbre, une forme constante, comme l'or qui passe à la filiere.

Le Voyageur.

Si la fève formoit les feuilles, elle formeroit également les fleurs & les fruits. Mais dans un sauvageon enté, les fruits de l'ente sont bons, tandis que ceux du pied ne changent point de nature. Si la fève qui a monté par le tronc de l'ente, & qui est redescendue par son écorce, avoit acquis quelque qualité, elle se découvriroit dans les fruits du sauvageon. Pourquoi cela n'arrive-t-il pas ?

La Dame.

C'eſt à vous à vous défendre.

Le Voyageur.

Les animaux du ſauvageon apportent des matériaux pour fermer la breche ; ceux de l'ente les prennent à meſure qu'ils arrivent : ils en fabriquent des fruits excellens, tandis que les autres n'en font rien qui vaille. La matiere eſt la même, les conduits ſont communs, mais les ouvriers ſont différens.

La Dame.

Si les arbres étoient peuplés d'animaux, l'hiver les feroit tous mourir ; car vous ne me perſuaderez pas qu'ils ont des fourrures comme les Caſtors.

Le Voyageur.

Ils ont eu la précaution d'envelopper

leurs maisons de plusieurs étoffes fort épaisses. Les unes sont souples comme des cuirs, les autres bien seches, & semblables à une grosse croûte. Personne n'est assez mal avisé pour se loger dans cette enceinte extérieure. Les arbres du nord comme le sapin & le bouleau, ont jusqu'à trois écorces différentes.

La Dame.

Selon vous, les arbres des pays chauds n'en ont donc point?

Le Voyageur.

Ils n'ont que des pellicules par où la seve descend : mais je n'y ai jamais vu de ces écorces raboteuses, insensibles & multipliées, qui paroissent nécessaires aux arbres des pays froids. Comparez l'oranger au pommier qui vient cependant dans les climats tempérés.

La Dame.

Vous m'étonnez, mais vous ne me persuadez pas. Si un arbre n'étoit pas une machine, il n'auroit pas reçu toutes ses dimensions, comme les machines des bêtes qui ont, chacune, une grandeur fixe. Selon vous un arbre croîtroit toujours. Vos petits animaux étant toujours en action, on verroit des chênes gros comme des montagnes, un cerisier s'élèveroit autant qu'un orme ; ce feroient des travaux monstrueux & fans fin, & nous voyons le contraire.

Le Voyageur.

A quoi sert l'élévation pour le bonheur? Ces petits animaux ont beaucoup de sagesse ; ils proportionnent toujours la hauteur de leur édifice à fa base.

En jettant les fondemens de leur habitation, ils trouvent de grands obstacles
dans

dans la terre. C'est le voisinage d'un autre arbre; ce sont des rochers; c'est à quelques pieds de profondeur un mauvais sol. En l'air, rien ne les arrête que la consideration de leur propre sûreté. La preuve en est bien forte; c'est que les plantes qui s'accrochent, vont toujours en s'allongeant sans s'arrêter. Il y a des liannes aux Isles, dont il ne seroit pas facile de trouver les deux bouts. Voyez jusqu'où s'élèvent les haricots qui grimpent, tandis que la féve de marais acquiert à peine trois pieds de hauteur : cependant ces deux légumes naissent & meurent dans la même année. La fortune de ceux qui rempent paroît sûre; ceux qui s'élèvent d'eux-mêmes sont plus circonspects. Les arbres qui croissent sur les montagnes sont peu élevés : ceux de la même espèce qui viennent dans des vallons resserrés & profonds, n'ayant rien à craindre des vents, s'élèvent avec plus de hardiesse : ils sont beaucoup plus grands.

Je suis persuadé que, si la tige d'un orme

traverſoit, dans ſon élévation, pluſieurs terraſſes, ſes habitans raſſurés y enfonceroient des pivots, & élèveroient ſa tête à une hauteur prodigieuſe.

LA DAME.

Vous m'aſſurez cela bien gratuitement. Vous devenez hardi.

LE VOYAGEUR.

J'ai vu aux Indes, les liannes dont je vous parle. J'y ai vu de nos plantes potageres devenir vivaces, & de nos herbes devenir des arbriſſeaux. Les Chinois font ſur les arbres une expérience curieuſe, qui prouve pour mon opinion. Ils choiſiſſent ſur un oranger, une branche avec ſon fruit; ils la ſerrent fortement d'un fil de cuivre : ils environnent cet étranglement de terre humide; il s'y forme un bourrelet & des racines : on coupe ce petit arbre, & on le ſert ſur la table avec ſon gros fruit. Si on l'avoit laiſſé ſur pied, n'auroit-il pas formé un ſecond étage d'oranger ?

La preuve donc que les arbres ne ſont pas des machines, c'eſt qu'ils peuvent toujours croître, & qu'ils n'ont pas une grandeur déterminée.

La Dame.

Vous n'avez évité un mauvais pas que pour tomber dans un autre. Selon vous, les arbres ne devroient jamais mourir. Un arbre étant une eſpece de ville, dont les familles ſe reperpétuent, on devroit voir des chênes auſſi vieux que Paris.

Le Voyageur.

Tout a ſon terme ; à la longue les canaux s'obſtruent. On prétend que les chênes vivent trois-cents ans. Trouvez-moi une ville dont les maiſons aient duré ſi longtems ſans ſe renouveller. Les quartiers de

Paris qui exiſtoient il y a trois ſiècles, ne ſubſiſtent pas plus que les hommes qui les habitoient : il faut en excepter quelques édifices publics.

La Dame.

Trois-cents ans font une belle vieilleſſe : auſſi je reſpecte beaucoup les vieux arbres. Je n'ai pas voulu faire abbatre ceux de mon parc : ils ont vu mes ayeux, & ils verront mes petits enfans. Cette idée-là me touche. Demain nous continuerons : je vous donne rendez-vous au milieu de mes fleurs.

DIALOGUE SECOND.

DES FLEURS.

LA DAME.

J'AI fait des rêves charmans. Je me croyois une reine plus puissante que Sémiramis. Dans chaque plante de mon jardin j'avois une nation laborieuse, toute occupée à travailler pour moi. Les peuples du nord & ceux du midi vivoient sous mon empire. Je voyois les habitans du sapin, couvrir leur habitation d'épaisses fourrures, & ceux de l'oranger s'habiller à la légere, comme s'ils étoient sous les tropiques.

LE VOYAGEUR.

Je suis charmé que mon système vous plaise ; vous commencez à en être persuadée.

La Dame.

Oh! je n'en crois pas un mot. Vos animaux ne ressemblent point à ceux que nous connoissons : il paroît qu'ils n'ont aucun des sens les plus communs. Ont-ils le goût, la respiration, la vue, le toucher? Vous parlez bien de leurs actions, mais vous vous gardez bien de toucher à leurs personnes.

Le Voyageur.

Madame, vous me faites une mauvaise querelle. Doutez-vous que les Romains, qui ont bâti l'amphitéâtre de Nîmes, n'aient bu, mangé & dormi, quoique les Historiens qui parlent de ce monument n'en fassent pas mention.

Il y a des choses qui sautent aux yeux. Vous faites arroser tous les jours votre parterre, & vous demandez si ses habitans boivent ? Vous sçavez que quand les plantes manquent d'air elles périssent, & vous demandez s'ils respirent ? Vous voyez beaucoup de fleurs se refermer pendant la nuit (*) ; il y a même des arbres, comme le tamarinier, dont toutes les feuilles se reclôsent dans les ténèbres ; ils sont donc sensibles à la lumiere. N'avez-vous pas vu la sensitive se mouvoir & se resserrer dès qu'on la touche?

La Dame.

J'en ai été bien étonnée. On prétendoit que c'étoit un effet produit par la chaleur de la main : mais je vous assure qu'elle faisoit le même mouvement quand on la touchoit avec une canne. (**)

(*) Non-seulement les fleurs se referment pendant la nuit, mais il y en a qui changent de couleurs.

(**) Un bâton, une pierre jettée, & même le vent, font mouvoir la sensitive d'un mouvement intérieur & apparent.

Le Voyageur.

On expliquoit de même par la chaleur, la contraction des fleurs, comme si le même effet n'arrivoit pas toutes les nuits, quelle que soit leur température. J'ai vérifié aussi la fausseté de ce raisonnement.

La Dame.

Vous m'avez échappé, mais je vous rattrapperai. Répondez à cette objection ? Il n'y a point d'animaux qui fassent des travaux inutiles pour eux : cependant les vôtres bâtissent des fleurs, qui ne sont qu'un objet d'agrément pour les hommes, de grandes roses qui ne durent qu'un jour, & qui ne leur servent à rien.

Le Voyageur.

Il faut reprendre le fil de leur histoire. Lorsque la nation est devenue nombreuse, elle songe à envoyer des Colonies au dehors. On choisit les beaux jours du printemps pour travailler aux provisions des émigrans. On apporte le sucre, le lait & le miel. Ces riches denrées sont déposées dans des bâtimens construits avec un art admirable. L'action du soleil paroît ici de la plus grande importance, soit à perfectionner les vivres, soit plutôt à échauffer l'ardeur des mariages. Il paroît que chez ces peuples on ne fait point de détachement au dehors, sans unir chaque citoyen par le lien le plus puissant qui soit dans la nature. Nous faisions autrefois la même chose dans nos premiers établissemens au Mississipi. On y envoyoit des vaisseaux tous chargés de nouveaux mariés.

Les mâles élèvent des pistiles, au sommet desquels ils se logent dans des poussieres dorées ; de-là ils se laissent tomber au fonds des fleurs, où les attendent leurs épouses.

Il paroît que la fleur est l'ouvrage

des femmes. Elle est formée avec de riches tentures de pourpre, de bleu céleste, ou de satin blanc. C'est une chambre nuptiale, d'où s'exhalent les plus doux parfums. Souvent c'est un vaste Temple, où se célèbrent à la fois plusieurs hymens; alors chaque feuille est un lit, chaque étamine une épouse, & plusieurs familles viennent habiter sous le même toit.

Quelquefois les femelles paroissent seules sur un arbre, & les mâles sur un autre. Peut-être dans ces républiques, le sexe le plus fort subjugue le plus foible, & dédaigne de l'associer aux fêtes publiques, quoiqu'il s'en serve pour les besoins particuliers; à-peu-près comme les Amazones, qui avoient des esclaves mâles, mais qui ne s'allioient qu'aux peuples libres.

Sur le palmier, la femelle dresse seule le lit conjugal; si le mâle dans une forêt éloignée apperçoit le temple de l'amour, il se laisse aller au gré des vents, sur des poussieres que les Botanistes appellent fécondantes.

La Dame.

En vérité, Monsieur, vous vous laissez aller à votre imagination. De tout ce que vous avez dit, je n'ai fait attention qu'à la forme de la fleur. Vous la croyez propre à réunir la chaleur ? C'est une idée nouvelle, & qui me plaît : j'aime à croire qu'une rose est un petit reverbere.

Le Voyageur.

Observez, je vous prie, que le plan des fleurs est presque toujours circulaire, de quelque forme que soit le fruit. Leurs feuilles, ou corolles sont disposées autour, comme des miroirs plans, sphériques, ou elliptiques, propres à réfléchir la chaleur au foyer de leurs courbes : c'est-là où doit se former l'embrion qui contient la graine. Les fleurs qui donnent des graines sont simples, parce qu'il eût été inutile de mettre des miroirs derriere d'autres miroirs.

Dans les végétaux dont le suc est visqueux & plus difficile à échauffer, comme les plantes bulbeuses & aquatiques, mes petits géomètres construisent des reverberes contournés en fourneaux; ce sont des portions de cylindre, de larges entonnoirs, ou des cloches. C'est ce que vous pouvez voir dans les lys, les tulipes, les hiacintes, les jonquilles, le muguet, les narcisses, &c... Ceux qui travaillent dès l'hiver adoptent aussi cette disposition avantageuse, comme on le voit dans les perceneiges, & les primeveres.

Ceux qui bâtissent à une exposition découverte, & qui s'élèvent peu, (*)

_____

(*) Les plantes qui s'élèvent peu sont échauffées par le sol même. En beaucoup d'endroits l'herbe conserve sa verdure toute l'année. Les mousses fleurissent en hiver.

comme la marguerite & le piffenlit, font des miroirs prefque plans. Ceux qui font un peu plus à l'ombre, comme dans les violettes & les fraifes, fe forment des miroirs plus concaves.

Ceux qui travaillent à s'expatrier dans une faifon chaude, découpent la circonférence de la fleur, afin de diminuer fon effet, telles font les cruciées, les bluets, les œillets, &c.... D'autres en chiffonnent les pavillons, comme ceux de la grenade & du coquelicot, ou ils ceffent d'en préfenter le difque au foleil, & naiffent à l'abri des feuilles, comme dans les papillonnacées, dont la forme n'eft plus propre à réunir les rayons directs du foleil, mais à raffembler une chaleur réflétée.

Ils ont encore une induftrie : c'eft que les fleurs de l'été, qui ont de grands baffins, ne font attachées qu'à des ligamens très-foibles; elles défleuriffent vîte : telles font le coquelicot, le pavot, les rofes de Provence, les fleurs de grenade.

Il y en a, comme les plantes appellées soleils, qui n'ont que des rayons de feuilles autour de leur circonférence : mais la fleur est posée sur un genou flexible, & tous ses habitans sont attentifs à la tourner vers le soleil. Ne croiriez-vous pas voir des académiciens qui dirigent vers cet astre un grand miroir ou un long télescope.

La Dame.

Mais la couleur des fleurs ne serviroit-elle pas encore à l'effet des rayons réfléchis?

Le Voyageur.

Je suis charmé, Madame, que vous me fournissiez cette observation. Le blanc & le jaune sont comme vous le sçavez les plus favorables : aussi la plupart des fleurs du printems & de l'automne ne sortent gueres de ces teintes légeres; avec une chaleur foible il falloit des miroirs fort actifs.

Celles de ces deux saisons qui ont des réverberes d'un rouge foncé, comme les anémones, les pivoines & quelques tulipes, ont leur centre noir & propre à absorber directement les rayons. Les fleurs d'été ont des couleurs plus foncées & moins propres à réverberer. On trouve dans cette saison beaucoup de bleu & de rouge, mais le noir est très-rare, parce qu'il ne réfléchit rien du tout. (*)

L'élévation des plantes, la grandeur, la couleur & la coupe de leurs fleurs paroissent combinées entre elles. Cette maniere nouvelle de les considérer peut exercer la plus sublime géométrie.

La Dame.

Je suis bien aise que vous donniez à mes fleurs un air sçavant; je croyois qu'elles

---

(*) Dans les pavots, dont la couleur est brune & très-foncée, on remarque quelles corolles sont brûlées du soleil avant que la fleur soit tout-à-fait développée.

n'étoient faites que pour plaire. Mais pour-quoi les fleurs qui mûrissent des graines inutiles sont-elles si belles, tandis que celles du bled, de l'olivier & de la vigne sont si petites ?

LE VOYAGEUR.

La nature fait souvent des compensations. Elle a peut-être voulu nous donner le nécessaire avec simplicité, & le superflu avec magnificence.

LA DAME.

A vous entendre, dans les pays très-chauds les fleurs doivent être fort rares.

LE VOYAGEUR.

Entre les tropiques je n'ai vu aucune fleur apparente dans les prairies, quoiqu'on ait essayé d'y faire venir des marguerites, des trefles, des bassinets, &c. La plupart même

de

de celles d'Europe n'y réussissent pas dans les jardins. De grands réverberes donnent trop de chaleur.

LA DAME.

Aucun Voyageur n'avoit encore dit cela. Ces prairies doivent être bien tristes. Les arbres de ces pays ne doivent donc pas porter de fleurs ?

LE VOYAGEUR.

Pardonnez-moi. Sans fleurs il n'y a pas de graines.

Quand les arbres des Indes sont bien feuillés les fleurs naissent à l'abri des feuilles. Leur circonférence n'est jamais bien entiere, comme vous pouvez le voir dans celles des fleurs d'oranger & de citronnier.

Quand les arbres ont peu de feuilles, comme une espece appellée agathis, & les familles des palmiers, tels que les dattiers, cocotiers, lataniers, palmistes, &c. leurs fleurs naissent en grappes pendantes. Dans cette situation renversée, elles ne sçauroient être brûlées par un soleil trop ardent : il ne s'y rassemble qu'une chaleur réfléchie. Les arbres de nos climats qui donnent des grappes de fleurs, les portent droites comme le troesne, la vigne, le lilas, &c.

LA DAME.

Il me semble que les petits animaux des Indes ont plus d'esprit que ceux d'Europe.

LE VOYAGEUR.

Ils ont des besoins contraires. Dans nos climats il leur faut de la chaleur : aussi les nôtres bâtissent les fleurs avant les feuilles, & les ouvrent à découvert au premier jour du printems, comme on le voit dans les amandiers, pêchers, abricotiers, cerisiers, poiriers, pruniers, coudriers, & même dans les ormes & les saules. Leur forme est ordinairement en rose, ce qui donne des formes de miroir bien concaves & bien circulaires.

Dans les pays du nord, ils bâtissent des fleurs solides formées de chatons & d'écailles. Elles sont rangées sur des cônes comme sur des espaliers. Les fleurs & les parois qui les appuient sont échauffés à la fois par le soleil. Celles des sapins & des bouleaux en seroient brûlés dans les pays chauds: aussi ces arbres n'y peuvent-ils croître.

Enfin une preuve bien forte que les feuilles des fleurs servent à échauffer l'embrion ou est la graine, c'est qu'on ne les trouve pas sur les fleurs mâles qui naissent sur des arbres séparés ; ces parties n'y seroient d'aucune utilité.

La Dame.

Voilà qui est admirable de quelque façon que cela arrive. Il me semble que je pourrois faire mûrir ici du caffé en mettant des réverberes autour des fleurs. Il me semble qu'à l'inspection de la fleur on peut juger si l'arbre qui la donne résistera à un climat ardent. Je croirois bien que les papillonnacées peuvent y réussir, parce qu'elles sont renversées.

Le Voyageur.

Vous avez raison, Madame ; les fleurs de beaucoup d'arbres & d'arbrisseaux de l'Inde ont cette forme ; beaucoup donnent des fruits légumineux, ce qui est très-rare en Europe. Ici les fruits semblent chercher le soleil, là ils semblent l'éviter. La plupart naissent au tronc ou pendent à des grappes.

La Dame.

Vous ne m'échapperez pas de tout le jour, vous viendrez dîner avec moi, nous raisonnerons sur les fruits au dessert. Je ne peux pas fournir à votre système une meilleure bibliothèque. Vous tirerez parti des livres d'une manière ou d'autre.

DIALOGUE TROISIEME.

DES FRUITS.

La Dame.

JE trouve un grand défaut à votre fystême; vos animaux raisonnent trop conféquemment; ils font plus fages que les hommes.

Le Voyageur.

C'est que l'homme acquiert fon expérience, & l'animal la reçoit. L'araignée file dès qu'elle fort de fon œuf. La portion d'intelligence qui a été donnée à chaque efpece eft toujours parfaite & fuffit à fes befoins. Je vous prie même d'obferver que plus l'animal eft petit, plus il eft industrieux. Dans les oiseaux, l'hirondelle est plus adroite que l'autruche : dans les insectes c'est la fourmi. Il semble que l'adresse a été donnée aux plus foibles comme une compensation de la force. Comme mes animaux sont très-petits, il y a apparence qu'ils sont très-prudens.

La Dame.

J'ai bien envie de les voir partir pour les Colonies.

Le Voyageur.

Dès qu'une chaleur suffisante rassemblée par la fleur a réuni les familles au fond des calices, toute la nation est occupée à y porter du miel & du lait. Le lait est une substance qui paroit destinée à tous les jeunes animaux : le jaune d'un œuf même délayé dans l'eau donne une substance laiteuse. La colonie réside d'abord dans le lieu qu'on appelle le germe. Les provisions sont autour, sous la forme d'un lait qui se change ensuite, par l'action du soleil, en une substance solide & huileuse.

On enveloppe la colonie & ses provisions d'une coque fort dure, pour la mettre à l'abri des évènemens. Cette couverture a quelquefois la dureté d'une pierre, comme dans les fruits à noyau, mais on a grande attention d'y ménager une suture, comme dans la noix, ou de petits trous à l'extrémité fermés par une soupape ; c'est par cette porte que doit sortir la nouvelle famille. Il n'y a pas une graine qui n'ait l'équivalent de cette organisation.

LA DAME.

Ah ! vous leur supposez trop d'industrie.

LE VOYAGEUR.

Je ne leur en donne pas plus qu'aux insectes les plus communs. L'araignée, qui met ses œufs dans un sac, y laisse une ouverture. Le ver à soie, qui s'enferme dans un cocon, en rend le tissu fort serré, excepté à l'endroit de la tête où il se ménage une sortie. C'est une précaution commune à tous les vers. Mais comme les animaux qui travaillent en société ont plus d'adresse que les autres, ceux-ci en ont une bien merveilleuse. Pendant qu'on travaille à construire le bâtiment & à rassembler le lait de la nouvelle colonie, de peur que les oiseaux ne détruisent l'ouvrage, on l'environne d'une substance désagréable au goût, comme le brou des noix qui est amer, d'autres fortifient la ville nouvelle de palissades pointues, comme celles qui hérissent la coque de la châtaigne.

La Dame.

Vous leur accordez bien de l'expérience: qui leur a dit que les oiseaux viendroient les attaquer ?

Le Voyageur.

Celui qui a dit au lapin de fe creufer des terriers & à la hupe de fufpendre fon nid au bout de trois fils. Leur poftérité agira toujours de même, comme les canards qui vont à l'eau fans avoir vu leurs peres nager.

La Dame.

Je ne fuis plus étonnée que la rofe ait des épines; ceux qui l'ont bâtie ont pris pour toute la plante les précautions que ceux du châtaignier ont prifes pour le fruit. Je fuis charmée de leur prévoyance, la fleur la mérite.

Le Voyageur.

Cette défenfe eft commune à plufieurs arbriffeaux qui naiffent fur les lifieres des bois, expofés aux infultes des animaux qui paissent ; le jonc marin, la ronce, les épines blanches & noires, les groseillers, & même l'ortie & le chardon, qui croissent le long des chemins, sont garnis & hérissés de pointes très-aiguës. Ces plantes sont fortifiées comme des places frontieres.

La Dame.

Eh bien ? quand la colonie a ses provisions, comment fait-elle pour s'établir ailleurs ?

Le Voyageur.

Si ces insectes avoient reçu des aîles, ils se seroient envôlés, mais il paroît qu'ils ne peuvent s'exposer à l'air sans danger. Ils ne vivent que dans les liqueurs. Ils s'enferment dans des vaisseaux bien carénés, bien pourvus, & voici comme ils entreprennent leur navigation.

Pour ceux qui sont suspendus en haut, toute la traversée ne consiste que dans une chûte. Le fruit tombe & va en bondissant s'arrêter à trente pas de la métropole. Remarquez que les fruits qui tombent de haut font arrondis, & plus ils font élevés, plus le fruit eft dur. Le gland, le fêne, la châtaigne, la noix, la pomme de pin, réfiftent très-bien à la violence de la fe-couffe. N'admirez-vous pas leur précaution d'avoir fongé, en s'élevant fi haut, à tomber avec fûreté.

La Dame.

Ce feroit quelquefois une leçon utile aux hommes, mais cette maniere de tomber leur eft commune à tous?

Le Voyageur.

Pardonnez - moi. Ceux qui travaillent dans le tilleul, qui croît dans les terres humides & molles, fçavent bien que, s'ils avoient bâti des vaiffeaux lourds, le poids les eût enfoncés dans le lieu même de leur chûte. Ils ont conftruit des graines attachées à un long aîleron. Elles tombent en pirouettant, & le vent les porte fort loin de-là. Le faule, qui vient aux mêmes lieux a des aigrettes ainfi que le rofeau. L'orme a une graine placée au milieu d'une large follicule. Vous voyez qu'au moyen de ces voiles, on peut aller loin. Je fuis porté à croire que l'orme eft l'arbre des vallées par la conftruction de fa graine.

La Dame.

Je ne fuis plus étonnée de voir les cerifiers & les pêchers s'élever à une hauteur médiocre. Une pêche mûre qui tomberoit de la hauteur d'un orme n'iroit pas loin. Mais comment font ceux qui ne s'élevent pas ? Il ne leur eft pas poffible de rouler.

Le Voyageur.

Les animaux des bluets, des artichaux, des chardons, &c. attachent leurs colonies à des volans; le vent les emporte. Vous en voyez en automne l'air rempli. Ils font fufpendus avec beaucoup d'induftrie, & quoi qu'ils voyagent fort loin, la graine tombe toujours perpendiculairement. Il y a des efpeces de pois qui ont des coques élaftiques ; en s'ouvrant, lorfqu'elles font mûres, elles élancent leurs graines à dix pas de-là. C'eft auffi l'induftrie de la bel-famine. Croyez-vous à préfent qu'une plante foit une machine hydraulique?

La Dame.

Vous ne me citez que les exemples qui vous font favorables ; vous ne me dites pas comment font ceux qui bâtiffent des fruits mous & peu élevés ; ceux de la framboife & de la fraife ne volent ni ne roulent.

Le Voyageur.

Vous avez vu que les habitans du noyer & du châtaignier fe fortifioient contre les oiseaux : ceux du fraisier & du framboisier font bien mieux, ils tirent parti de leurs ennemis. Ceux-là sont des guerriers ; ceux-ci sont des politiques. Ils s'entourent d'une substance agréable & d'une couleur éclatante. Les oiseaux s'en nourrissent, & les ressement dans les bois, qui en sont remplis. Ils avalent les fruits sans faire tort à la graine; elle est si dure qu'elle échappe à leur digestion. Beaucoup de fruits mous qui ont des noyaux, sont ressemés de la même maniere. Cette ruse n'est pas réservée aux seuls animaux de notre Hémisphere. La muscade est une espece de pêche des moluques : sa noix est d'un grand revenu aux Hollandois : ils la détruisent dans toutes les isles éloignées de leurs comptoirs, pour s'en réserver la récolte à eux seuls ; mais elle repousse partout : c'est un oiseau marin qui la ressème après l'avoir avalée. Tant l'homme est foible, quand il attaque la nature : une nation ne sçauroit détruire un végétal.

LA DAME.

Hélas ! l'homme n'a pas été préservé avec tant de foin ; des nations entieres ont été exterminées par d'autres nations, fans qu'il en foit réchappé un feul. Mais il faut adorer la providence : je l'admire dans fa prévoyance, que je n'aurois pas foupçonnée. Je croyois qu'un arbre laiffoit tout fimplement tomber fes graines : je vois bien qu'elles auroient manqué d'air & d'efpace, &, pour me fervir de vos termes, que la métropole, en vieilliffant, auroit anéanti toutes les colonies fous fes ruines. Mais l'idée de vos animaux eft-elle bien conforme à l'action de cette providence ?

LE VOYAGEUR.

Le Roi de Pruffe avoit ordonné que l'on coupât des forêts pour donner des terreins à de nouvelles familles. La Chambre du Domaine lui repréfenta que le bois alloit devenir fort rare. Il lui répondit : j'aime mieux avoir des hommes que des arbres. Croyez-vous que le grand Roi de tous les êtres n'a pas mieux aimé regner sur des millions de peuples différents, que sur des machines aveugles ?

La Dame.

Vous allez rendre aussi le bois fort rare. Votre système est séduisant, mais il me laisse des doutes. Vous ne me montrez pas les animaux : on ne croit qu'à moitié, quand on n'a pas vu.

Le Voyageur.

Vous avez vu des animaux se mouvoir dans le suc des plantes.

La Dame.

Mais je ne les ai pas vu travailler, agir de concert, & faire toutes les choses admirables que vous m'avez dites.

Le

LE VOYAGEUR.

Regardez mes madrépores & mes lithophites : il y en a qui ressemblent à des choux, d'autres à des gerbes de bled. Ce sont les plantes de la mer ; les nôtres sont les madrépores de l'air.

LA DAME.

Ce n'est plus la même chose : vous m'avez dit que les madrépores ne donnent pas de fruits.

LE VOYAGEUR.

Cela n'est pas bien prouvé. D'ailleurs, ils vivent dans un fluide où il n'y auroit eû pour leurs fruits, ni chûte ni roulement ; il étoit donc inutile d'environner la colonie d'un corps lourd, ou d'une substance légere, comme les aigrettes des graines qui seroient venues à la surface de l'eau. Il est cependant certain qu'on a

II. Part.   O

obfervé dans leurs fleurs, un fuc laiteux femblable à celui des graines de nos fruits: cette laite fe répand dans la mer, comme celle des poiffons.

Les élémens changent les mœurs & les arts. Un matelot & un bourgeois font des hommes, cependant un vaiffeau n'eft pas fait comme une maifon.

Les petits animaux qui bâtiffent les plantes de l'air, vivent dans un élément qui l'eft pour eux dans un mouvement perpétuel. Ils font fi petits, qu'un zéphyr leur femble un ouragan. Ils ont pris les plus grandes précautions pour affurer les fondemens de leurs édifices, & pour tranfporter leurs familles fans rifques. Ils l'enclofent dans des bâtimens bien couverts, afin qu'elle ne foit pas difperfée.

Ceux qui bâtiffent dans la mer, vivent dans un fluide, dont les parties ne s'ébranlent pas aifément: elles ne font remuées que par flots, & par grandes maffes. Les gouttes n'en font pas mobiles & pénétrantes, comme les globules de l'air, que la chaleur dilate & refferre fans cefle. Il ne leur falloit donc pas des appartemens bien clos, comme les graines, puifqu'ils ne couroient pas le rifque d'être diffipés fi facilement. Je crois au refte avoir obfervé que leur laite eft enduite d'une glaire qui n'eft pas aifée à diffoudre.

Si les animaux qui travaillent dans l'eau, euffent vécu dans un élément encore plus folide, par exemple dans la terre, ils n'auroient été expofés à aucune efpece d'agitation. Il eft probable qu'alors ils n'auroient pas eu befoin d'enfoncer des racines, d'élever des tiges, d'étendre des feuilles, de façonner des fleurs, & de fabriquer des fruits, comme ceux de l'air.

LA DAME.

Vraiment vous avez raifon : auffi la trufle n'a aucune de ces parties-là ; elles lui seroient inutiles. J'ai vu des gens bien embarrassés à deviner comment elle peut se reproduire. J'imagine que dans les secheresses, les petits animaux se communiquent entr'eux par les fentes intérieures du sol où ils vivent. Il regne là un calme éternel : ce sont des canaux d'un fluide tranquille, où la navigation est fort aisée : il n'y faut point de vaisseaux ; on peut y nâger en sûreté. A quoi serviroient les fleurs à une plante qui ne voit pas le soleil, & les racines à un végétal qui n'éprouve aucune secousse ? Cette découverte me fait grand plaisir : je suis fâchée cependant que les animaux d'un fruit que j'aime beaucoup, aient si peu d'industrie.

Le Voyageur.

Elle est proportionnée à leurs besoins : c'est une loi commune à tous les êtres animés. L'homme qui est le plus indigent de tous, en est aussi le plus intelligent.

La Dame.

Il vaudroit mieux en être le plus heureux. Ceux qui habitent les trufles sont peut-être plus contents que ceux qui vivent dans des palais.

Je trouve dans votre syftème des idées neuves. Il me paroît très-vraifemblable que les fleurs font des miroirs. On peut, ce me femble, en tirer des conféquences utiles, ainfi que des graines. Je crois qu'il ne faut pas trop les enfoncer lorfqu'on les feme, puifque la nature les répand à la furface de la terre, & qu'elle repeuple ainfi les prairies & les forêts. L'induftrie des graines qui volent, qui roulent, & qui s'élancent, me paroît admirable : mais fans doute ces mouvemens peuvent s'attribuer à d'autres loix. Il faudroit, pour que votre fyftème eût une certaine force, qu'après avoir rendu raifon des effets ordinaires de la végétation, il en expliquât les phénomenes.

Le Voyageur.

Vous en agiſſez avec moi comme les Dames des anciens Chevaliers : quand ils ſortoient du tournoi, elles les envoyoient combattre un Géant ou un Maure. N'êtes-vous pas contente de ſçavoir que la trufle eſt un madrépore de terre? Il a toutes les parties qui lui conviennent, & il ne peut en avoir d'autres. S'il y a d'autres végétations dans la terre, elles n'auront de même aucune des parties de celles qui vivent dans l'air. Je connois une racine & une fleur qui ſont pareillement iſolées, & par des raiſons ſemblables : mais il me ſuffit de vous avoir réſolu un fait inexplicable, la réproduction de la trufle.

La Dame.

Oh! c'eſt moi qui l'ai expliqué : mais en voici un dont toutes les loix de l'hydraulique ne fçauroient me rendre raifon. Lorfqu'un arbre eft jeune & plein de fuc, fouvent il continue de pouffer des branches & des feuilles, fans donner de fleurs. Un Jardinier exprimenté déterre une partie de fes racines, & il devient fécond. Pourquoi ne donne-t-il des fruits que quand il perd fa nourriture ?

LE VOYAGEUR.

Les animaux qui ont des vivres en abondance, ne fongent point à s'expatrier; ils cherchent à augmenter les logemens; ils ne fabriquent que du bois. Dès qu'on leur a coupé les vivres, ils voient qu'il eft tems d'envoyer des colonies s'établir au loin: on ne peut plus fourrager aux environs de la place.

LA DAME.

Celui-là étoit trop aifé : en voici un plus difficile. Lorfqu'un arbre a reçu quelque dommage confidérable : par exemple, lorsqu'on lui a enlevé une partie de son écorce, au printemps il se charge de fleurs, ensuite de fruits, après quoi il meurt. Pourquoi à la veille de sa ruine rapporte-t-il plus qu'à l'ordinaire ?

Le Voyageur.

Dans l'arbre écorcé, le conseil s'assemble ; & voici comme on raisonne. » On nous a »fait une breche irréparable : nos remparts » & nos chemins sont détruits : nous allons » mourir de froid ou de faim, allons nous-» en. Tout le monde se met à construire des fleurs ; on se retire dans les fruits ; la métropole est abandonnée, & l'arbre meurt l'année suivante.

La Dame.

Je ne sçais par où vous prendre. Il me semble que vous satisfaites à toutes les difficultés ; le système ordinaire en laisse de grandes. J'avois ouï expliquer le développement des plantes, par l'air qui monte en ligne droite dans les canaux de la végétation, & cependant j'avois vu les pivots des pois se recourber vers la terre qu'ils semblent chercher. J'avois ouï dire que dans les germes, la plante étoit toute entiere avec ses graines à venir, qui contenoient encore les plantes futures, ainsi de suite à l'infini; ce qui me paroissoit tout-à-fait incompréhensible.

Le Voyageur.

Il y a un degré en descendant où la matiere n'est plus susceptible de forme; car la forme n'est que les limites de la matiere. Si cela n'étoit pas, il y auroit autant de matiere dans un gland que dans un chêne, puisqu'il y auroit autant de formes, attendu qu'il y a, dit-on, un chêne tout entier renfermé dans le gland.

Si on me dit qu'il n'y a que les formes principales, je demanderai où sont les autres, qui font toutes effentielles dans un chêne développé.

S'il n'y a que les formes principales, parce que l'efpace eft trop petit, celui des feconds glands étant beaucoup plus petit, le nombre des formes principales doit encore diminuer. Or, toute grandeur qui décroît vient néceffairement à rien. Dans ces glands imaginaires qui vont toujours en diminuant, il y auroit un terme où la race des chênes devroit s'arrêter & finir.

Voilà cependant l'hypothèfe dont on s'eft fervi pour raifonner fur la végétation. Je fuis charmé que vous ayez adopté mes idées.

LA DAME.

Monfieur, point du tout, je vous affûre.

LE VOYAGEUR.

Comment, Madame, vous n'êtes pas

persuadée! Y a-t-il encore quelque dragon à combattre?

La Dame.

Un grand scrupule. Je ne sçaurois imaginer que, pour soutenir ma vie, je détruise celle d'une infinité d'êtres. Eussiez-vous raison, j'aime mieux me tromper que de croire une vérité cruelle.

Le Voyageur.

On est sensible, quand on est belle! mais voilà la premiere fois qu'on rejette un systême par compassion. Les anatomistes ont plus de courage; quand ils en font un ils tuent tout ce qui leur tombe sous la main. Il y eut un Anglois qui fit ouvrir toutes les biches pleines d'un grand parc, pour découvrir les loix de la génération, qu'il n'a point découvertes.

LA DAME.

Je ne veux point reſſembler à ces ſçavans-là. J'aime ceux d'aujourdhui qui recommandent la tolérance, & l'humanité qu'on devroît étendre juſqu'aux animaux. Je ſçais bien bon gré à M. de Voltaire d'avoir traité de barbares ceux qui éventrent un chien vivant pour nous montrer les veines lactées. Cette idée fait horreur.

LE VOYAGEUR.

Mes expériences n'ont coûté la vie à aucun animal. J'ai même de quoi vous raſſurer : ceux qui vivent dans les fruits échappent à votre digeſtion comme à votre vue : n'en avez vous pas une preuve dans les oiſeaux qui reſèment les graines des fraiſiers?

LA DAME.

Je veux vous croire ; après-tout, ſi je ſuis trompée, j'ai été amuſée. Vous m'avez appris ſur la nature des faits plus piquants que les anecdotes de la société. Nous n'avons ni médit, ni joué; &, ce qui est plus rare, vous ne m'avez point dit de fadeurs, suivant la coutume de ceux qui veulent instruire les Dames. Le tems a été fort bien employé : mais j'en dois faire encore un meilleur usage; je vais rejoindre mon mari & mes chers enfans., Adieu Monsieur le voyageur.

LE VOYAGEUR *lui fait une profonde révérence.*

(*En s'en allant.*)

O le bon cœur! ah la digne femme! Quand en aurai-je une comme celle-là?

LETTRE XXVIII, & derniere.

Sur les Voyageurs & les Voyages.

IL est d'usage de chercher au commencement d'un livre à captiver la bienveillance d'un lecteur, qui souvent ne lit point la préface. Il vaut mieux, ce me semble, attendre à la fin, au moment où il est prêt à porter son jugement. Il est impossible alors que le lecteur échappe, & ne fasse pas attention aux excuses de l'auteur. Voici les miennes.

J'ai fait cet ouvrage aussi bien qu'il m'a été possible, & rien ne m'a manqué pour lui donner toute la perfection dont je suis capable. S'il est mal fait, ce n'est donc pas ma faute; car on n'a tort de mal faire que quand on peut faire mieux.

S'il y a des défauts dans le style, je serai très-aise qu'on les releve : je m'en corrigerai. Depuis dix ans que je suis hors de ma patrie j'oublie ma langue, & j'ai observé qu'il est souvent plus utile de bien parler que de bien penser, & même que de bien agir.

Mes conjectures & mes idées sur la nature sont des matériaux que je destine à un édifice considérable. En attendant que je puisse l'élever, je les livre à la critique. Les bonnes censures sont comme ces dégels, qui dissolvent les pierres tendres, & durcissent les pierres de taille. Il ne me resteroit qu'une bonne observation, que j'en ferois usage. On dit qu'un saint commença avec un seul moëlon un bâtiment qui est devenu une magnifique Abbaye. Il fit ce miracle avec le tems & la patience, mais je pourrois bien avoir perdu l'un & l'autre.

C'est assez parler de moi, passons à des objets plus importans.

Il est assez singulier qu'il n'y ait eu aucun voyage publié par ceux de nos écrivains qui se sont rendus les plus célebres dans la littérature & la philosophie. Il nous manque un modele dans un genre si intéressant, & il nous manquera long-tems, puisque Messieurs de Voltaire, d'Alembert, de Buffon & Rousseau ne nous l'ont pas donné. Montagne & Montesquieu avoient écrit leurs voyages, qu'ils n'ont pas fait paroître. On ne peut pas dire qu'ils aient jugé suffisamment connus les pays de l'Europe où ils avoient été, puisqu'ils ont donné tant d'observations neuves sur nos mœurs, qui nous sont si familieres. Je crois que ce genre si peu traité est rempli de grandes difficultés. Il faut des connoissances universelles, de l'ordre dans le plan, de la chaleur dans le style, de la sincérité, & il faut parler de tout. Si quelque sujet est omis, l'ouvrage est imparfait; si tout est dit, on est diffus, & l'intérêt cesse.

Nous avons cependant des voyageurs estimables; Addison me paroît au premier rang: par malheur il n'est pas François. Chardin

Chardin a de la philosophie & des longueurs ; l'Abbé de Choisi sauve au lecteur les ennuis de la navigation ; il n'est qu'agréable : Tournefort décrit sçavamment les monumens & les plantes de la Grece, mais on voudroit voir un homme plus sensible sur les ruines d'Athenes : La Hontan spécule & s'égare quelquefois dans les solitudes du Canada : Léry peint très-naïvement les mœurs des Brésiliens & ses aventures personnelles. De ces différens génies on en composeroit un excellent, mais chacun n'a que le sien ; témoin ce Marin, qui écrivit sur son journal » qu'il avoit » passé à quatre lieues de Teneriffe, dont » les habitans lui parurent fort affables.

Il y a des voyageurs qui n'ont qu'un objet, celui de rechercher les monumens, les statues, les inscriptions, les médailles, &c. S'ils rencontrent quelque sçavant distingué, ils le prient d'inscrire son nom & une sentence sur leur *album*. Quoique cet usage soit louable, il conviendroit mieux,

II. Part. P

ce me femble, de s'enquérir des traits de probité, de vertu, de grandeur d'âme, & du plus honnête homme de chaque lieu ; un bon exemple vaut bien une belle maxime. Si j'euffe écrit mes voyages du nord, on eut vu fur mes tablettes les noms de d'Olgorouki, de Munich, du Palatin de Ruffie Xatorinski, de Duval, de Taubenheim, &c. J'aurois parlé auffi des monumens, fur-tout de ceux qui fervent à l'utilité publique, comme l'arfenal de Berlin, le corps des Cadets de Péterfbourg, &c. Quant aux antiquités, j'avoue qu'elles me donnent des idées triftes. Je ne vois dans un arc de triomphe qu'une preuve de la foibleffe d'un homme : l'arc eft refté, & le vainqueur a difparu.

Je préfere un fep de vigne à une colonne, & j'aimerois mieux avoir enrichi ma patrie d'une feule plante alimentaire que du bouclier d'argent de Scipion.

A force de nous naturalifer avec les arts, la nature nous devient étrangere; nous sommes même si artificiels que nous apellons les objets naturels des *curiosités*, & que nous cherchons les preuves de la Divinité dans des livres. On ne trouve dans ces livres (la révélation à part) que des reflexions vagues & des indications générales de l'ordre univerfel : cependant pour montrer l'intelligence d'un Artiste, il ne suffit pas d'indiquer son ouvrage, il faut le décomposer. La nature offre des rapports si ingénieux, des intentions si bienveillantes, des scenes muettes si expressives & si peu apperçues, que qui pourroit en offrir un foible tableau à l'homme le plus inattentif, le feroit s'écrier, il y a quelqu'un ici !

L'art de rendre la nature est si nouveau, que les termes même n'en sont pas inventés. Essayez de faire la description d'une montagne, de maniere à la faire reconnoître : quand vous aurez parlé de la base, des flancs & du sommet, vous aurez tout dit. Mais que de variété dans ces formes bombées, arrondies, allongées, applaties, cavées, &c! vous ne trouvez que des périphrafes. C'eft la même difficulté, pour les plaines & les vallons. Qu'on ait à décrire un palais, ce n'eft plus le même embaras. On le rapporte à un ou à plufieurs des cinq Ordres: on le fubdivife en foubaffement, en corps principal, en entablement; & dans chacune de ces maffes, depuis le focle jufqu'à la corniche, il n'y a pas une moulure qui n'ait fon nom.

Il n'eft donc pas étonnant que les voyageurs rendent fi mal les objets naturels. S'ils vous dépeignent un pays vous y voyez des villes, des fleuves & des montagnes, mais leurs defcriptions font arides comme des cartes de géographie: l'Indouftan reffemble à l'Europe. La phyfionomie n'y eft pas. Parlent-ils d'une plante? Ils en détaillent bien les fleurs, les feuilles, l'écorce, les racines; mais fon port, fon enfemble, fon élégance, fa rudeffe ou fa grace, c'eft ce qu'aucun ne rend. Cependant la reffemblance d'un objet dépend de l'harmonie de toutes ſes parties, & vous auriez la meſure de tous les muſcles d'un homme, que vous n'auriez pas ſon portrait.

Si les voyageurs en rendant la nature pechent par défaut d'expreſſions, ils pechent encore par excès de conjectures. J'ai cru fort long-tems ſur la foi des relations que l'homme ſauvage pouvoit vivre dans les bois. Je n'ai pas trouvé un ſeul fruit bon à manger dans ceux de l'Iſle de France; je les ai goûtés tous au riſque de m'empoiſonner. Il y avoit quelques graines d'un goût paſſable, en petite quantité; & dans certaines ſaiſons on n'en eût pas ramaſſé pour le déjeûner d'un ſinge. Il n'y a que l'oignon dangéreux d'une eſpece de *nymphea*, encore croît-il ſous l'eau dans la terre, & il n'eſt pas vraiſemblable que l'homme naturel l'eût deviné-là. Je crus au Cap que l'homme avoit été mieux ſervi. J'y vis des buiſſons couverts de gros artichaux couleur de chair, qui étoient d'une âpreté insupportable. Dans les bois de la France & de l'Allemagne on ne trouve de mangeable que les fênes du hêtre & les fruits du châtaignier; encore ce n'est que dans une courte saison. On assure, il est vrai, que dans l'âge d'or des Gaules, nos ancêtres vivoient de gland; mais le gland de nos chênes constipe. Il n'y a que celui du chêne verd qu'on puisse digérer. Il est très-rare en France, & il n'est commun qu'en Italie, d'où nous est venue aussi cette tradition. Un peu d'histoire naturelle serviroit à écrire l'histoire des hommes.

On ne trouve dans les forêts du nord que les pommes du sapin dont les écureuils s'accommodent fort bien. Il est fort douteux que les hommes pussent en vivre. La nature auroit traité bien mal le Roi des animaux, puisque la table est mise pour tous, excepté pour lui, si elle ne lui avoit pas donné une raison universelle qui tire parti de tout, & la sociabilité, fans laquelle fes forces ne fçauroient fervir fa raifon. Ainfi d'une feule obfervation naturelle on peut prouver, 1°. que le plus ftupide des payfans eft fupérieur au plus intelligent des animaux, qu'on ne dreffera jamais à femer & à labourer de lui-même : 2°. que l'homme eft né pour la fociété, hors de laquelle il ne pourroit vivre. 3°. que la fociété doit, à fon tour, à tous fes membres une fubfiftance qu'ils ne peuvent attendre que d'elle.

Les voyageurs pechent encore par un autre excès. Ils mettent prefque toujours le bonheur hors de leur patrie. Ils font des defcriptions fi agréables des pays étrangers qu'on en eft, toute la vie, de mauvaife humeur contre le fien.

Si je l'ofe dire, la nature paroît avoir tout compenfé; & je ne fçais lequel eft préférable d'un climat très-chaud ou d'un climat très-froid. Celui-ci eft plus fain; d'ailleurs le froid eft une douleur dont on peut fe garantir, & la chaleur une incommodité qu'on ne sçauroit éviter. Pendant six mois j'ai vu le paysage blanc à Pétersbourg, pendant six mois je l'ai vu noir à l'Isle de France; joignez-y les insectes si dévorans, les ouragans qui renversent tout, & choisissez. Il est vrai qu'aux Indes les arbres ont toujours des feuilles, que les vergers rapportent sans être greffés, & que les oiseaux ont de belles couleurs.

    Mais j'aime mieux notre nature,
    Nos fruits, nos fleurs, notre verdure;
    Un Rossignol qu'un Perroquet,
    Le sentiment que le caquet;
    Et même je préfère encore
    L'odeur de la rose & du thin
    A l'ambre que la main du More
    Recueille aux rives du matin.

On doit compter aussi pour un grand inconvénient le spectacle d'une société malheureuse, puisque la vue d'un seul misérable peut empoisonner le bonheur.

Peut-on penser sans frémir que l'Afrique, l'Amérique, & presque toute l'Asie sont dans l'esclavage ! Dans l'Indoustan on ne fait agir le Peuple qu'à coups de rotin, de sorte qu'on en a appellé le bâton le roi des Indes ; en Chine même, ce pays si vanté, la plupart des punitions de simple police sont corporelles. Chez nous les loix ont un peu plus respecté les hommes. D'ailleurs quelque rudes que soient nos climats, la nature la plus sauvage m'y plaît toujours par un coin. Il est des sittes touchans jusques dans les rochers de la pauvre Finlande. J'y ai vu des étés plus beaux que ceux des tropiques, des jours sans nuits, des lacs si couverts de cygnes, de canards, de bécasses, de pluviers, &c. qu'on eût dit que les oiseaux de toutes les rivieres s'y étoient rendus pour y faire leurs nids. Des flancs des rochers tout brillants de mousses pourprées, & des tapis rouges du Kloucva (*)

―――――――――――――――――――

(*) Plante rempante d'un beau verd, dont la feuille ressemble à celle du buis. Elle donne un petit fruit rouge qui est un anti-scorbutique.

s'élevoient de grands bouleaux, dont les feuillages verds, souples & odorans se marioient aux pyramides sombres des sapins, & offroient à la fois des retraites à l'amour & à la philosophie. Au fond d'un petit vallon, sur une lisiere de pré, loin de l'envie, étoit l'héritage d'un bon Gentilhomme, dont rien ne troubloit le repos que le bruit d'un torrent que l'œil voyoit avec plaisir bondir & écumer sur la croupe noire d'une roche voisine. Il est vrai qu'en hyver la verdure & les oiseaux disparoissent. Le vent, la neige, le gresil, les frimats entourent & secouent la petite maison, mais l'hospitalité est dedans. On se visite de quinze lieues, & l'arrivée d'un ami est une fête de huit jours : on boit au bruit des cors & des timballes la santé du convive, des Princes & des Dames (*). Les

---

(*) Les femmes sont de ces parties, & il est juste qu'accompagnant les hommes à la guerre, elles président à leurs plaisirs. On ne trouve point ailleurs de plus grands exemples de l'ami-

vieillards auprès du poële fument & parlent des anciennes guerres ; les garçons en botte danfent au fon d'un fifre ou d'un tambour autour de la jeune Finlandoife en peliffe, qui paroît comme Pallas au milieu de la Jeuneffe de Sparte.

Si les organes y femblent rudes, les cœurs y font fenfibles. On parle d'aimer, de plaire, de la France & de Paris furtout ; car Paris eft la capitale de toutes les femmes. C'eft-là que la Ruffe, la Polonoife & l'Italienne viennent apprendre l'art de gouverner les hommes avec des rubans & des blondes; c'eft-là que regne la Parifienne à l'humeur folle, aux graces toujours nouvelles. Elle voit l'Anglois mettre à fes genoux fon or & fa mélancolie, tandis que, du fein des arts, elle prépare en riant, la guirlande

---

rié conjugale. J'y ai vu des femmes de Généraux qui avoient fuivi leurs maris à l'armée depuis le premier grade militaire.

qui enchaîne par les plaisirs tous les peuples de l'Europe.

Je préférerois Paris à toutes les villes, non pas à cause de ses fêtes, mais parce que le peuple y est bon, & qu'on y vit en liberté. Que m'importent ses carrosses, ses hôtels, son bruit, sa foule, ses jeux, ses repas, ses visites, ses amitiés si promptes & si vaines ? Des plaisirs si nombreux mettent le bonheur en surface, & la jouissance en observation. La vie ne doit pas être un spectacle. Ce n'est qu'à la campagne qu'on jouit des biens du cœur, de soi-même, de sa femme, de ses enfans, de ses amis. En tout la campagne me semble préférable aux villes : l'air y est pur, la vue riante, le marcher doux, le vivre facile, les mœurs simples & les hommes meilleurs. Les passions s'y développent sans nuire à personne. Celui qui aime la liberté n'y dépend que du ciel ; l'avare en reçoit des présents toujours renouvellés ; le guerrier s'y livre à la chasse, le voluptueux y place ses jardins, & le philosophe y trouve à méditer sans sortir de chez lui. Où trouvera-t-il un animal, plus utile que le bœuf, plus noble que le cheval & plus aimable que le chien ? Apporte-t-on des Indes une plante plus nécessaire que le bled & aussi gracieuse que la vigne ?

Je préférerois de toutes les campagnes celle de mon pays, non pas parce qu'elle est belle, mais parce que j'y ai été élevé. Il est dans le lieu natal un attrait caché, je ne sçais quoi d'attendrissant qu'aucune fortune ne sauroit donner, & qu'aucun pays ne peut rendre. Où sont ces jeux du premier âge, ces jours si pleins sans prévoyance & sans amertume ? La prise d'un oiseau me combloit de joie. Que j'avois de plaisir à caresser une perdrix, à recevoir ses coups de bec, à sentir dans mes mains palpiter son cœur & frissonner ses plumes ! Heureux qui revoit les lieux où tout fut aimé, où tout parut aimable, & la prairie où il courut, & le verger qu'il ravagea ! Plus heureux qui ne vous a jamais quitté, toit paternel, asyle saint ! Que de voyageurs reviennent sans trouver de retraite ! de leurs amis, les uns sont morts, les autres éloignés, une famille est dispersée, des protecteurs.... Mais la vie n'est qu'un petit voyage, & l'âge de l'homme un jour rapide. J'en veux oublier les orages pour ne me ressouvenir que des services, des vertus & de la constance de mes amis. Peut être, ces Lettres, conserveront leurs noms, & les feront survivre à ma reconnoissance ! Peut être iront elles jusqu'à vous, bons Hollandois du Cap ! Pour toi, Negre infortuné qui pleures sur les rochers de Maurice, si ma main, qui ne peut essuyer tes larmes, en fait verser de regret & de repentir à tes tyrans, je n'ai plus rien à demander aux Indes, j'y ai fait fortune.

A Paris, ce premier Janvier 1773.

D. S. P.

Fin de la seconde & derniere Partie.

TABLE
DES LETTRES
ET SOMMAIRE DES MATIERES.

PREMIERE PARTIE.
AVANT-PROPOS.

Motif de l'Ouvrage, son plan, son objet; *Page* 1.

LETTRE PREMIERE.

Départ de Paris, froid excessif. Arrivée à Rennes. Campagnes de Bretagne, observation sur le genêt & les pommes de terre. Du Peuple dans les pays d'États. Commerce de la Bretagne. Paysan bas-Breton. Observation sur la température des lieux aquatiques. Arrivée à l'Orient. 7.

TABLE

LETTRE II.

De la Ville de l'Orient. Défaut de la Citadelle du port Louis. Mœurs de ces deux Villes ; mouvement du port de l'Orient, *Page* 13

LETTRE III.

Diſtribution intérieure d'un vaiſſeau ; gros tems dans le port. Poiſſonnerie de l'Orient. Mœurs des pêcheurs. Obſervations ſur les poiſſons & les écreviſſes. Deux paſſagers de Paris craignent de s'embarquer. 16

LETTRE IV.

Départ de l'Orient. Adieux. 21

Journal en Mars 1768.

Danger dans la paſſe du port-Louis. Paſſagers & Officiers reſtés à terre. Gros tems, coup de mer, trois hommes emportés, déſordre cauſé par le coup de mer.

mer. Vue des iſles Canaries. Chaleur. Vents aliſés. Iſles de Cap Verd ; obſervations ſur les mœurs des gens de mer.
Page 23.

Journal en Avril.

Matelot mort du ſcorbut. Baptême & paſſage de la ligne, tems orageux ; obſervation ſur la mer & les poiſſons. Points lumineux, bonnets flamands, galeres, coquillage peu connu, limaçons bleus, coquillage de la carene, poiſſon volant, encornet, thon. Effet ſingulier du thon de la pleine mer lorſqu'il eſt ſalé. Du ſommeil des poiſſons, de l'eau de mer, Bonnite, grande oreille, requin, pilotin, ſucçet, ſa conſtruction monſtrueuſe ; pou du Requin. Marſouin, dorade, baleine. 36

Journal en Mai.

Rencontre d'un vaiſſeau Anglois, grain violent, vaiſſeau coeffé ; obſervations ſur le Ciel, les vents & les oiſeaux ; étoiles,

II Part. Q

Crépuscules, leur chaleur eût été nuisible sous la ligne. Le lever de la lune dissipe les nuages. Vents, pôle sud plus froid que le pôle nord, pourquoi. Utilité des vents. Beauté du Ciel entre les tropiques. Mauves & goelands, alcions, manches de velours, frégates, fauchets, goelettes, envergures, damiers, moutons du cap. Utilité qu'on peut tirer de la vue des oiseaux & de celle des glayeuls. Longitude ne peut se déterminer par la variation de l'aiguille. Expérience à faire sur son inclinaison. *Page* 54

Journal en Juin.

Précautions pour doubler le cap, progrès du scorbut. Coup de mer, présage d'une violente tempête, le vaisseau foudroyé, grand mât brisé, violence du vent; mer monstrueuse, secousses du vaisseau, découragement des matelots. Perte des bestiaux, grand nombre de malades scorbutiques, morts; observations qui peuvent

TABLE.

être utiles à la police des vaisseaux, subordination des officiers. Disette d'eau, moyen d'en embarquer beaucoup & de la préserver de corruption. Inconvénient de la machine à dessaler l'eau de mer. Vivres, Moyen de conserver les viandes saines. Habillement des matelots. Charpente du bâtiment, lieu du vaisseau où le bois se pourrit le plus promptement. *Page 69*

Journal en Juillet.

Grand nombre de malades scorbutiques, mortalité, vue d'un paillencu, arrivée à l'Isle de France; observations sur le scorbut. Les animaux en sont atteints. Cause & remede à ce mal. Palliatifs. Préjugés sur la tortue, symptômes du scorbut, précautions à prendre en arrivant à terre. 86

LETTRE V.

Observations Nautiques.

Brise de terre. Attérages orageux. Parages des vents alifés du nord-eft, des vents généraux du fud-eft. Relâches fur la route des Indes. Obfervations fur les meilleures cartes. Hauts-fonds au fud de la ligne. Courants. Obftacles apportés aux voyages par la nature. *Page* 94

PROPORTIONS DU VAISSEAU

LE MARQUIS DE CASTRIES.

Forme nouvelle d'une Table des Obferva-tions nautiques du Voyage :

Qui comprend les jours du mois, les vents qui ont régné, le chemin eftimé, la route corrigée, la variation, la latitude eftimée, la latitude obfervée, la longitude eftimée. 100

LETTRE VI.

Afpect & Géographie de l'Ifle de France.

Port du fud-eft, port-Louis ou du nord-oueft. Vue trifte de la ville & de fes environs. Mesures de l'Isle de France & hauteur de ses montagnes suivant l'Abbé de la Caille. *Page* 101

LETTRE VII.

Du sol & des productions naturelles de l'Isle de France.

Arbres & arbrisseaux. Sol tenace & ferrugineux. Sable calcaire. Prodigieuse quantité de rochers, leur nature vitrifiable & métallique. Herbes. Trois especes de gramen, gazon élastique, chiendent, gramen à large feuille, herbe à soye, asperge épineuse, mauve à petites feuilles, chardon dangereux pour les volailles, lys aquatique, espece de giroflée, basilic vivace, raquettes, arbrisseaux, le veloutier, effet singulier de son odeur, espece de ronce antivénérienne, faux baume, fausse patate, herbe à panier propre à donner du fil, liannes & leur force prodigieuse, arbrisseau spongieux, bois de Demoiselle.

Végétaux de l'Isle de France, inférieurs en beauté à ceux de l'Europe. *Page* 105

LETTRE VIII.

Arbres & plantes aquatiques de l'Isle de France.

Mapou, espece de poison. Noms des arbres viennent de la fantaisie des habitans, bois de ronde, de canelle, de natte, d'olive, de pomme, arbre de benjoin, colophane, faux tatamaque, bois de lait, bois puant, bois de fer, bois de fouge, figuier, bois d'ébenne de plusieurs sortes, citronnier, oranger, espece de bois de sandal, vacoa, latanier, palmiste, manglier, observations sur les arbres, ils sont très-inférieurs aux arbres d'Europe en beauté & en utilité. Agarics, mousses & fougeres, songes espece de nymphea. Tristesse du paysage. 113

LETTRE IX.

Animaux naturels à l'Isle de France.

Quadrupedes. Il est douteux que le singe y ait été apporté. Il paroît l'habitant naturel de cette Isle. Sa description. Des rats & de leurs désordres, des souris. Oiseau flamand, corbigeau, paillencu, perroquets d'une beauté médiocre, merle familier, pigeon hollandois magnifique, ramier dangereux, chauve-souris bonne à manger, espece commune de chauve-souris. Eperviers. Animaux amphibies, tortues, tourlouroux, Bernard l'hermite. Insectes. Sauterelles, leur dégât, chenilles, papillons, papillon à tête de mort, prodigieuse quantité de fourmis, formicaleo, cent pieds, scorpions, guêpes jaunes avec des anneaux noirs, guêpe maçonne, guêpe qui coupe les feuilles, abeilles, espece de fourmis appellées Carias, leur dégât dans la charpente des maisons, trois especes de cancrelas, ont pour ennemie la mouche verte, moutouc ver qui ronge les arbres, son nom chez les Romains, mouches d'Europe, cousin ou maringouin fort incommode, demoiselles, belles mouches aquatiques, petits lézards bien colorés, araignées de plusieurs sortes, filent des toiles très-fortes, prodigieuse quantité de puces, pou aîlé des pigeons, pou blanc ou puceron, nuisible aux vergers, punaise maupin, sa piquure dangereuse; observation sur les températures chaudes favorables à la propagation des insectes, moyens qu'employe la nature pour l'arrêter. *Page* 122

LETTRE X.

Des productions maritimes; poissons, coquilles, madrépores.

Baleine, sa pêche négligée, lamentin, la vieille poisson dangereux à manger, malheur arrivé aux Anglois à Rodrigue, autres poiſſons ſuſpects, tels que le capitaine & la carangue, requins, rougets, mulets, ſardines, maquereaux, poule d'eau ſorte de turbot, rayes blanches, rayes noires, ſabres, lunes, bourſes, eſpeces de merlans, perroquets, poiſſon armé dangereux, le coffre, le porc-épi, le polype. Poiſſons de riviere; la lubine, le mulet, la carpe, le cabot, l'anguille dangereuſe pour les nageurs. Teſtacès; homars ou langouſtes, petite eſpece de homar fort joli; crable reſſemblant à un madrépore; autre marqué de cinq cachets rouges; autre appellé le fer à cheval; autre crable couvert de poils, crable marbré, autre qui porte ſes yeux au bout de deux longs tuyaux, l'araignée de mer, crable dont les pinces ſont rouges, petit crable à grande coquille. Boudin de mer très-ſingulier, maſſe vivante, dont la coquille eſt au-dedans. Ourſins. Ourſin violet à longues pointes. Ourſin gris à baguettes rondes cannelées, Ourſin à baguettes obtuſes &

à pans, Ourſin à cul d'artichaux, Ourſin commun à petites pointes. Ordre conchyologique nouveau. Ordre ſphérique, plus commode, peut s'appliquer à toutes les parties de l'Hiſtoire naturelle. Lepas applati, lépas étoilé, lépas fluviatile, oreilles de mer, eſpece d'oreille de mer ſans trou, Vermiculaires. Grand vermiculaire des madrépores, cornet de Saint Hubert, nautile papyracée, nautile ordinaire. Limaçons ſédentaires; bouche d'argent ſimple, bouche d'argent épineuſe, bouche d'or, limaçon fluviatile ſimple, limaçon fluviatile à pointes, conque perſique, limaçon allongé, becaſſe épineuſe, tonne ronde, tonne allongée. Limaçons voyageurs; nérite cannelée, nérite liſſe colorée de rubans; harpe belle coquille, harpe à pointe, limaçon bleu, l'œuf de Pintade, limaçon terreſtre, lampe antique. Rouleaux; l'olive commune, l'olive de trois couleurs, olive noire, olive évaſée, rouleau commun piqueté de rouge, rouleau blanc, rouleau piqueté de points noirs, drap d'or, tonnerre, la poire, rouleau couvert de peau, l'oreille de Midas, le grand casque, le casque truité, le scorpion, l'araignée. Porcelaines. Porcelaine à dos d'âne, la tigrée, la carte de Géographie, l'œuf, le lievre, l'olive de roche. Vis. La vis simple, vis avec une moulure, l'enfant en maillot, la culotte de Suisse, petite vis à bec, autre à dos d'âne, le fuseau blanc, fuseau tacheté de rouge, mitre fluviatile. Conjecture sur la cause qui a dirigé du même côté la bouche de la plupart des coquilles. Objection sur l'explication qu'on donne de leur formation. Bivalves. Huître commune, la feuille, huître semblable à celle d'Europe, huître de la carene des vaisseaux, huître perliere, autre huître grise, huître perliere violette, la tuilée se trouve fossile sur les côtes de Normandie, huître épineuse, pelure d'oignon. Trois especes de moules, moule blanche à coque élastique, hache d'arme. Petoncles. Arche de

Noé. cœur ftrié & cannelé, cœur de bœuf, corbeille, la rape, petoncle commun, autre efpéce, le peigne, le manteau Ducal. Obfervations fur les coquillages, fur l'inftinct des moules, fur la charniere des coquilles. Madrépores qui ne font pas attachés au fond de la mer; le champignon, le plumet de trois fortes, le cerveau de Neptune; madrépores attachés, le choufleur, le choux madrépore en fpirale, autre femblable à un arbre, la gerbe, le pinceau; madrépore femblable au réféda, autre femblable à une ifle, la congellation, madrépore digité, le bois de cerf, la ruche à miel, le corail bleu, corail articulé blanc & noir, végétations coralines. Litophite femblable à une paille, autre croiffant comme une forêt de petits arbres. Trois efpeces d'étoiles marines. Ambre gris. Obfervations fur les madrépores. *Page 136*

TABLE.

JOURNAL MÉTÉRÉOLOGIQUE

Qualité de l'air.

Juillet 1768. Vent frais. Août, pluie. Septembre, même température. Opinion des Anciens sur la cause de la végétation. Octobre, terres ensemencées. Novembre, temps variables. Décembre, chaleur, ouragan & ses effets. Janvier 1769, tems chaud. Fevrier, coup de vent, accidents du tonnerre. Mars, chaleur supportable. Avril, fin de l'Été. Mai, saison seche. Juin, grains pluvieux. Observations sur les qualités de l'air. *Page* 162

LETTRE XI.

Mœurs des Habitans blancs.

Ouvriers, employés de la Compagnie, marins de la Compagnie, Officiers militaires de la Compagnie, Officiers du Roi, Missionnaires, Marchands, Européens venus des Indes, Protégés de Paris, Employés & Officiers de la marine du Roi. Officiers arrivés d'Europe, soldats, navigateurs, caractère général. Négligence dans les maisons. Les femmes aiment la danse; jolies, leur société, leurs qualités domestiques, éducation des jeunes créoles. Petit nombre de cultivateurs. *Page* 174

LETTRE XII.

Des Noirs.

Malabares, leurs mœurs. Des Negres, leur caractère, leur industrie, amenés de Madagascar, traitement fait aux esclaves, nourriture, habillement, punition. Du code Noir, des chiens des Noirs, chasse aux Noirs marons, leurs châtiments, affreuse misere des esclaves. *Postscriptum.* Réflexion sur l'esclavage. N'est point nécessaire à l'Isle de France pour l'agriculture; lui est contraire, s'oppose à la population. Le code Noir n'est point obser-

TABLE. 255

vé. L'esclavage ne peut se justifier ni par la théologie, ni par la politique. Philosophes devroient le combattre, femmes Européennes devroient s'y opposer. *P.* 188

LETTRE XIII.

Agriculture ; herbes, légumes & fleurs apportées dans l'Isle.

Division des plantes. Plantes naturalisées; espece d'indigo, pourpier, observation, cresson, dent de lion ou pissenlit, absinthe, molene, squine, observation, herbe blanche, brette de deux sortes. Plantes cultivées dans la campagne ; manioc, seconde espece appellée camaignoc, mahis ou bled Turc, bled froment, observation de Pline, riz de sept especes, petit mil, avoine, tabac, fataque. Plantes potageres, utiles par leurs fruits; petits pois, haricots, pois du Cap, autres haricots, feve de marais, autre feve, artichaux, cardons, giromons, concombres, melons, pasteques ou melons d'eau, courges, bringelle ou aubergine de deux sortes, piments des deux especes, ananas, observation, fraises, framboises, framboises de Chine. Plantes utiles par leurs tiges ou feuilles; épinards, cresson des jardins, oseille, cerfeuil, persil, fenouil, céleri, porée, laitues, chicorées, choux-fleurs, chou, pinprenelle, pourpier doré, sauge, asperge. Plantes utiles par leurs racines ou bulbes; carottes, panais, navets, cercifix, radix, raves, rave de Chine, bette-rave, pomme de terre, cambar, patatte, saffran, gimgembre, pistache, observation, ciboules, poireaux, oignons. Plantes à fleurs; reséda, belsamine, tubéreuse, pied d'alouette, grande marguerite de Chine, œillet de la petite espece, grands œillets, lys, anémones, renoncules, œillet d'inde, rose d'Inde, giroflée, pavots, fleurs d'Afrique, immortelle du Cap, autre immortelle, jonc à fleur, tulipe singuliere, fleur de Chine, aloës de plusieurs especes, observation. *Page* 205

LETTRE XIV.

TABLE
LETTRE XIV.
Arbrisseaux & arbres apportés à l'Isle de France.

Arbrisseaux. Rosiers, rosiers de Chine, jasmin d'Espagne & de France, grenadiers à fleur double & à fruits, myrthe. Cassis, foulsapatte, poincillade, jalap, vigne de Madagascar, variétés de lianes, mougris à fleur double & simple, franchipaniers, lillas des Indes, lillas de Perse, lauriers-thins, lauriers-roses, citronnier, galet, palma-christi, poivrier, arbrisseau de thé, rottin, cotonnier, canne de sucre, caffier. Arbres d'Europe, pins, sapins, chênes, cerisiers, abricotiers, néfliers, pommiers, poiriers, oliviers, muriers, figuiers, vignes, pêchers, observation. Arbres étrangers, lauriers, agathis, polchés, bambous, attiers, mangliers, bannaniers, observation, gouïaviers, jam-roses, papayers mâles & femelles, avocats, jacqs, tamariniers, diverses especes d'orangers, pamplemousses, citronniers, cottiers. Obervation, Crable des cocottiers, cocos marin, dattier, palmier d'aracque, palmier du fagou, caneficier, acajou, cannelier, cacaotier, mufcadier, giroflier, obfervation, ravinefara, mangouftan, litchi, arbre de vernis, arbre de fuif, citrons en grape, arbre d'argent, bois de tecque, obfervation. Jardin des Chinois. *Page* 220

LETTRE XV.

Animaux apportés à l'Ifle de France.

Poiffons ; gourami, poiffons dorés de Chine. Oifeaux ; l'ami du Jardinier, le martin, obfervation fur l'alouette, corbeau, oifeau du Cap, méfange, cardinal, trois fortes de perdrix, pintades, faifan de Chine, oyes, canards fauvages, canards de Manille, poule d'Europe, poule noire d'Afrique, autre efpece de Chine, pigeons, deux efpeces de tourterelles, lievres, chevres fauvages, cochons marons. Quadrupedes domeftiques; moutons, chevres, bœufs, petite efpece de bœufs du Bengale, observation sur les salaisons, chevaux, mulets, ânes, ânes sauvages du Cap, chats, chiens, effet du climat sur eux. *Page* 242

LETTRE XVI.
Voyage dans l'Isle.

Départ, arrivée à la grande riviere, voyage à une caverne, sa description, ses dimensions. Voyage à la riviere Noire, sortie du port, mauvais tems, relâche, observation, rembarquement, danger, arrivée à terre, correction du plan de l'Abbé de la Caille. Poisson abondant, voyage aux plaines de Williams, habitant vivant dans une solitude, l'Auteur égaré, arrivée à Palme, plaines de Williams, riviere profonde. 249

LETTRE XVII.
Voyage à pied autour de l'Isle.

Préparatifs, départ, observation, petite riviere, citoyen utile mal recompensé, riviere Belle-Isle. Embarras des voyageurs,

R ij

plaines Saint-Pierre, obfervation fur fes productions. Riviere du Dragon, riviere du Galet, obfervation, anfe du Tamarin, obfervation en note, coquillages, autre obfervation. Riviere Noire, accident. Iflot du morne. Halte, obfervation. Morne Brabant, famille d'un habitant. Paffage dangereux du Cap, Belle-ombre, riviere des Citronniers, obfervation, pêche de coquillages, Pofte-Jacotet, lieu agréable, rencontre d'une malheureufe Negreffe, bras de mer de la Savanne, des Negres marons, générofité de deux Negreffes; obfervation, Halte fur le bord de la mer, accident, obfervation en note, riviere du Pofte, l'Auteur indifpofé. Bras de mer du Chalan, rivieres de la chaux, & des Créoles, habitation des Prêtres, arrivée au Port du Sud-Eft, fa defcription. Baleines, beaux coquillages, comete très-apparente. Payfage du Port du Sud-Eft. Halte, mœurs féroces d'une femme Créole.

TABLE

pointe du Diable, grande riviere. Route de Flacq, quatre Cocos, quartier de Flacq, ses productions, Posté de Fayette; accident arrivé à l'Auteur dans l'anse aux Aigrettes; observation, riviere du Rempart, quartier de la Poudre-d'Or, quartier des Pamplemousses, arrivée au Port; observation sur les Églises & les constructions en charpente; observation sur la culture de l'Isle. *page 266*

LETTRE XVIII.

Sur le Commerce, l'Agriculture & la défense de l'Isle.

Besoins de l'Isle de France. Note sur son utilité. Son commerce, papier ruineux, Port à nettoyer. Agriculture, abus, agioteur de terres, Loix agraires inutiles. A quoi ont eût pu employer les soldats. Défense de l'Isle, défense de la côte, sa disposition singuliere, moyens naturels de défense trop négligés, défense de l'intérieur de l'Isle & de la Ville. Poste très-avantageux, obstacles que l'ennemi aura à surmonter. De l'Isle de Bourbon. Note. *Page* 315

Fin de la premiere partie.

TABLE
DES LETTRES,
ET SOMMAIRE DES MATIERES

SECONDE PARTIE.

LETTRE XIX.

Départ pour la France. Arrivée à Bourbon. Ouragan.

OBSERVATION sur l'Insulaire de Taïti, (*) & sur l'utilité d'un dictionnaire encyclopédique des langues. Départ de l'Isle de France; arrivée à Bourbon. Descente difficile à terre, brise forte, ouragan, vaisseaux obligés de quitter la rade. Départ du vaisseau l'Indien. Embarras de l'Auteur; il part pour Saint-Paul. Mauvais chemin,

(*) Cet homme est mort de la petite vérole à Bourbon, sur le point de partir pour Taïti.

arrivée à Saint-Paul. Difficultés pour l'embarquement de l'Auteur. Observations sur Bourbon, histoire d'un pirate de Saint-Denis. Mœurs des habitans de Bourbon. Départ de cette Isle. *Page* 1

LETTRE XX.

Départ de Bourbon, Arrivée au Cap.

Observations sur la baye de Saint-Paul. Navigation heureuse. Coup de vent dans le canal de Mosambique, mât de misaine rompu. Terre du Cap. Montagne ressemblante à un Lion. Le vaisseau l'Indien absent du Cap. Montagne de la Table, danger du mouillage, arrivée à terre, spectacle singulier. *page* 24

LETTRE XXI.

Du Cap. Voyage à Constance & à la Montagne de la Table.

De la ville du Cap. Prix des pensions;

jardin de la Compagnie. Voyage à Conſtance, arbres d'argent, fameux vignoble, Bas-Conſtance, différence eſſentielle des deux vins. Neuhauſen jardin de la Compagnie. Voyage à la campagne du Sieur Nedling. Voyage à Tableberg ou montagne de la Table. Obſervation ſur les plantes & le ſol du ſommet. Obſervation ſur les formes des plantes de la montagne du Cap, Vaſco de Gama eſt-il le premier navigateur qui l'ait doublé? Retour à la ville. *Page 33.*

LETTRE XXII.

Qualités de l'air & du ſol du Cap de Bonne-Eſpérance; plantes, inſectes & animaux.

Air pur du Cap; vent de ſud-eſt fréquent. Petite vérole fort dangereuſe. Or de Lagoa, terre ſulfureuſe, pierre à plâtre, cubes noirs. Arbres d'or & d'argent. Arbres rares au Cap hors ceux d'Europe. Fleur ſemblable à un papillon, hyacinthe finguliere, groffe tulipe, arbriffeaux à fleurs de la forme d'un artichaud, autres portants des grappes de fleurs papillonacées. Infectes, belles fauterelles, le canonier fcarabée fingulier. Oifeaux; colibris, oifeaux changeant de couleur trois fois par an, oifeau de Paradis, oifeau appellé l'ami du Jardinier, efpece de tarrin, aigle, oifeau appellé le fecretaire, autruche, cazoar efpece d'autruche couverte de poil, pinguoin, fingularité de fes œufs. Poiffons; nautiles papyracés, tête de médufe, lepas, lithophites, poiffons de la forme d'une lame de couteau, veaux marins, baleines, vaches marines, morues: Quadrupedes; petites tortues de montagne, porc-épics, marmottes, cerfs, chevreuils, ânes fauvages, zebres, caméléopard, bavian, obfervation fur les finges. Animaux domeftiques, chevaux, ânes, bœufs. Obfervation fur la loupe des animaux d'Afrique. Bêtes féroces, efpece de loup. Obfervation de Pline. Caractère du tigre, du lion, armée de cabris & de lions dans l'intérieur de l'Afrique. Pourquoi il n'y a point de grandes nations en Afrique. Etabliſſement des Hollandois dans les terres. Prix des vivres & commerce du Cap. Danger de ſa rade. *Page* 51

LETTRE XXIII.

Eſclaves, Hottentots, Hollandois.

Eſclaves bien traités. Eſclaves Malayes, leur caractère. Hottentots, leur fidelité, leur adreſſe, leurs mœurs, leur phyſionomie, ſingularité de leur langue. Tablier des femmes Hottentotes, fable tirée de Kolben. Obſervation de Pline ſur le ſang des animaux. Engagés de la Compagnie. Mœurs des Hollandois ; payſans du Cap. Mlle. Berg, bonne foi des Hollandois. Amour des Hollandois pour la patrie. Egliſe du Cap, refugiés François, mœurs du Gouverneur, ſon caractère. 67

TABLE.

LETTRE XXIV.

Suite de mon Journal au Cap.

Bibliotheque, ménagerie ; arrivée d'un vaisseau François. Comment les Hollandois conservent leurs mâts à terre. Arrivée de la Digue flutte du Roi. Offre fait à l'Auteur, parti qu'il prend, présent que lui fait le Gouverneur. Arrangements pour son départ, arrivée du vaisseau l'Africain. Il reçoit ses effets ; nouvelles de l'Indien & ses malheurs, évènement étrange arrivé sur ce vaisseau. *Page* 80

LETTRE XXV.

Départ du Cap ; description de l'Ascension.

Sortie de la baye. Inquiétude du feu ; histoire à ce sujet. Vue de l'Ascension, singularité de ses rivages ; frégates familieres. l'Auteur descend à terre. Beau sable, petite saline. Terreur panique, tristesse du paysage de l'Ascension. Tortues viennent au rivage, pêche abondante, matelots superstitieux, cancrelas, scorpion, tythimale. Oiseaux familiers. Usage singulier de la graisse des frégates. Tortues inutiles remises à la mer. *Page* 87

LETTRE XXVI.

Conjecture sur l'antiquité du sol de l'Ascension, de l'Isle de France, du Cap de Bonne-Espérance & de l'Europe.

Conjectures par l'affaissement des collines, par le dépérissement des rochers, par leur profondeur dans le sol. Problême important à résoudre. Conjectures sur l'antiquité de l'Ascension, sur celle de l'Isle de France, sur celle du Cap de Bonne-Espérance, observation des rochers de la montagne de la Table. Conjecture par la couche végétale ne peut être employée dans les plaines, expérience à faire en Europe, de l'antiquité de l'Europe, roches propres aux expériences. Conjectures sur l'antiquité de sa population, opinion de ceux qui croient le nord de l'Europe anciennement peuplé réfutée. Il n'y a point de monuments dans le nord. Ils sont très-communs en Grece & en Italie, pourquoi. Peuples heureux multiplient & bâtissent. Autels élevés à tous les biens. Homme du Midi allant au Nord, climat affreux, obligé de vivre comme les Lapons. Le Nord de l'Europe sert de refuge aux peuples du Midi. Langue Esclavonne vient du Grec. Note premiere tirée de Pline sur l'antiquité des arts en Europe, & sur celle des végétaux qui servent à nourrir ses habitans. Qu'étoient-ce que les peuples du Nord du tems de Marius. Note seconde, deux strophes du poëme séculaire d'Horace. *Page 97*

TABLE. 271

LETTRE XXVII.

Observations sur l'Ascension. Départ. Arrivée en France.

L'Ascension utile à quelques animaux; est une terre sans maître, sert de relâche, qualité de son air. Effet de l'attraction des terres observé. Bain de sable calcaire, utile aux scorbutiques. Grosse mer. Danger de la chaloupe, danger du canot; cabris, chiendent. Observation sur les restes du volcan de l'Ascension. Conjectures sur la disposition de ces cendres. Huître appellée la feuille, requins, bourses, carangues, morenes, qualité de la tortue. Passage de la ligne, courans, calmes, grapes de raisin, plante marine, son utilité. Accident du feu, exercice de fusils, haut-fond apperçu. Gros tems, vue d'un vaisseau, vue de terre, grande joie, arrivée. *Page* 115

TABLE.

Explication de quelques termes de marine; à l'usage des lecteurs qui ne sont pas marins.

Bord, maison, porte, Amarrer, amurer, appareiller, arriver, arimage, artimon, Aumônier. Bas-bord, bau ou beau, beaupré, beausoir ou baussoir, banc de quart, berne, bout dehors, bras, brasse. Caillebotis, calle, callé, cap, cape, carguer, civadiere, coeffé, courant. Déferler, degré, dériver, dunette. Écoute, écoutilles, entrepont, espontilles, est. Fazayer, focq. Galerie, gaillards, garants, grains, grapins. Haubans, hauteur (prendre), hauts-fonds, hisser, hune (mât de). Iole. Latitude & longitude, ligne, lisses, louvoyer. Mât, matelots, Marquis de Castries, observation sur les noms des vaisseaux, mouiller, misaine. Panne (mettre en), perroquet, perruche, plat-bord, plus près (être au), pont. Quarts. Rescifs, riz, roulis. Sabords, sainte-barbe. Tangage, voyez roulis. Vent, (venir au), vergue, virer. *page* 132

Entretiens

TABLE. 273

Entretiens sur les arbres, les fleurs & les fruits. Dialogue premier, des arbres.

Madrépores, ce que c'est, leur ressemblance avec nos plantes, impuissance de la Chymie. Habitans des plantes ; que les plantes ne sauroient être des machines hydrauliques. Expérience du saule. Industrie des animaux des plantes ; comment & pourquoi ils fabriquent les feuilles, preuves de leur travail dans un arbre greffé, enveloppent leur habitation d'étoffes épaisses ; observation sur l'écorce des arbres des pays chauds. Objection réfutée. Plantes qui grimpent s'élèvent toujours. Observation sur les arbres des montagnes & des valées. Expérience des Chinois. Objections réfutées. *Page* 157.

Dialogue second, des fleurs.

Les habitans des plantes ont des sens comme les autres animaux. Objection. Usage des fleurs du palmier femelle. Du plan des fleurs, de leur forme variée suivant les saisons & les lieux, de leurs couleurs. La couleur noire fort rare, pourquoi. Question sur la beauté des fleurs dont les graines sont inutiles. Pourquoi il n'y a point de fleurs dans les prairies des pays méridionaux. Disposition des fleurs des arbres de l'Inde, de la France & du Nord. Pourquoi les arbres des Indes portent beaucoup de fleurs papillonacées & de fruits légumineux. *Page* 181

Dialogue troisieme. Des fruits.

Pourquoi les animaux sont plus adroits que l'homme ; les plus petits sont les plus rusés, pourquoi. Observation sur la nourriture des jeunes animaux, organisation des graines, industrie commune à celle des insectes. Précautions pour la défense de la graine. Pourquoi la rose a des épines, pourquoi d'autres herbes & buissons en ont pareillement ; chûte des fruits, leur

TABLE.

roulement, graines qui s'envolent, qui s'élancent, des graines que les oiseaux ressément, de la muscade. Providence admirable. Pourquoi les madrépores ne donnent pas de fruits comme les plantes. Des végétations intérieures de la terre. Pourquoi la trufle n'a ni tige, ni fleur, ni racine. Comment elle se reproduit. Explication de deux phénomènes en botanique. Contradiction du système ordinaire de la végétation. Anatomie des animaux vivans, cruelle & inutile. *Page* 197

LETTRE XXVIII. *& derniere.*

Sur les Voyageurs & les Voyages.

Excuses de l'Auteur devroient être à la fin de son ouvrage. Bonnes censures ressemblent aux dégels. Voyages manquent de modeles pour être bien écrits. Voyageurs estimables. Addisson, Chardin, l'Abbé de Choisi, Tournefort, La Hontan, Léry, leurs qualités & leurs défauts. Voyageurs qui cherchent des antiquités, bons exemple plus profitables ; monuments, qui font ceux dont on doit parler. Homme des villes artificiel, nature négligée, art de rendre la nature manque d'expreſſions. Voyageurs péchent encore par excès de conjectures. Fruits des bois de l'Iſle de France, des buiſſons du Cap de Bonne-Eſpérance & des forêts de l'Allemagne de la France & du Nord. Conſéquences importantes d'une ſeule obſervation. Autre excès dans les récits des Voyageurs. La nature a compenſé les climats, inconvéniens des pays chauds, dureté de leur gouvernement. Sites touchants en Finlande, plaiſirs de ſes habitans en hiver. Exemples de l'amour conjugal. Des plaiſirs de Paris, preférable aux autres villes, pourquoi ; bonheur de la Campagne, celle du pays natal préférable, pourquoi ; heureux qui n'a jamais quitté le toît paternel. *Page* 222

Fin de la Table des matieres de la ſeconde & de la derniere partie.

SUJET DES PLANCHES
DE LA PREMIERE PARTIE.

LA planche premiere repréſente un voyageur occupé à décrire des coquillages, des plantes, des cartes marines, &c... un Négre ſuppliant lui montre le code noir. On voit à ſes pieds les inſtrumens de l'eſclavage: on lit pour légende: *Homo ſum, humani nihil à me alienum puto.* « Je ſuis « homme, & rien de ce qui intéreſſe les hommes « ne m'eſt étranger. » *Page* 1

La planche ſeconde a pour ſujet les vues des iſles Canaries, 28

La planche troiſieme repréſente quelques coquillages de l'iſle de France, diſpoſés en ordre ſphérique. 146

On voit dans la planche quatrieme une négreſſe avec deux enfans effrayés. Elle porte au cou un collier de fer à trois crochets, d'où deſcend une chaîne qui la prend par la jambe; près d'elle eſt un négre dévorant le cadavre d'un cheval; plus loin un eſclave qu'un Européen fouette ſur une échelle. On voit au fond du payſage les montagnes eſcarpées de l'iſle de France, ſur le devant ſont des balles de caffé. On lit au bas: *Ce qui ſert à vos plaiſirs eſt mouillé de nos larmes.* 199

SUJET DES PLANCHES
DE LA SECONDE PARTIE.

PLANCHE cinquième, famille Hollandoise du Cap de bonne-Epérance. On voit un pere assis au milieu de ses enfans, qui s'empressent à lui témoigner leur amitié. La scène est dans un jardin rempli de fruits. On apperçoit au loin la montagne de la Table & celle du Lion avec ses pavillons de la tête & de la croupe... On lit au bas : *Ils n'ont pas encore mis le bonheur dans des Romans & sur le Théâtre.* Page 74.

Dans la planche 6e. sont dessinés d'après nature quatres madrépores & deux lithophites de l'isle de France.

www.ingramcontent.com/pod-product-compliance
Lightning Source LLC
Chambersburg PA
CBHW050649170426
43200CB00008B/1223